NOUVEAUX DOCUMENTS

SUR QUELQUES POINTS

DE

L'HISTOIRE DU CHEVAL

DEPUIS LES TEMPS PALÉONTOLOGIQUES JUSQU'A NOS JOURS

PAR

C.-A. PIÉTREMENT

Extrait du RECUEIL DE MÉDECINE VÉTÉRINAIRE
6me série T. II, 1875.

PARIS

P. ASSELIN, SUCCESSEUR DE BÉCHET JEUNE ET LABÉ
LIBRAIRE DE LA FACULTÉ DE MÉDECINE
ET DE LA SOCIÉTÉ CENTRALE DE MÉDECINE VÉTÉRINAIRE
Place de l'École-de-Médecine

1875

NOUVEAUX DOCUMENTS

L'HISTOIRE DU CHEVAL

DEPUIS LES TEMPS PALÉONTOLOGIQUES JUSQU'A NOS JOURS

32848

S

NOUVEAUX DOCUMENTS

DE

L'HISTOIRE DU CHEVAL

DEPUIS LES TEMPS PALÉONTOLOGIQUES JUSQU'A NOS JOURS

PAR

C.-A. PIÉTREMENT

Extrait du RECUEIL DE MÉDECINE VÉTÉRINAIRE
6ᵐᵒ SÉRIE, t. II, 1875.

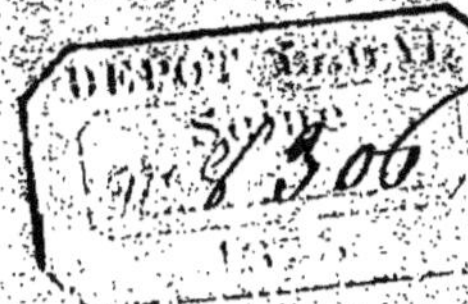

PARIS

P. ASSELIN, SUCCESSEUR DE BÉCHET JEUNE ET LABÉ

LIBRAIRE DE LA FACULTÉ DE MÉDECINE
ET DE LA SOCIÉTÉ CENTRALE DE MÉDECINE VÉTÉRINAIRE
Place de l'École-de-Médecine

1875

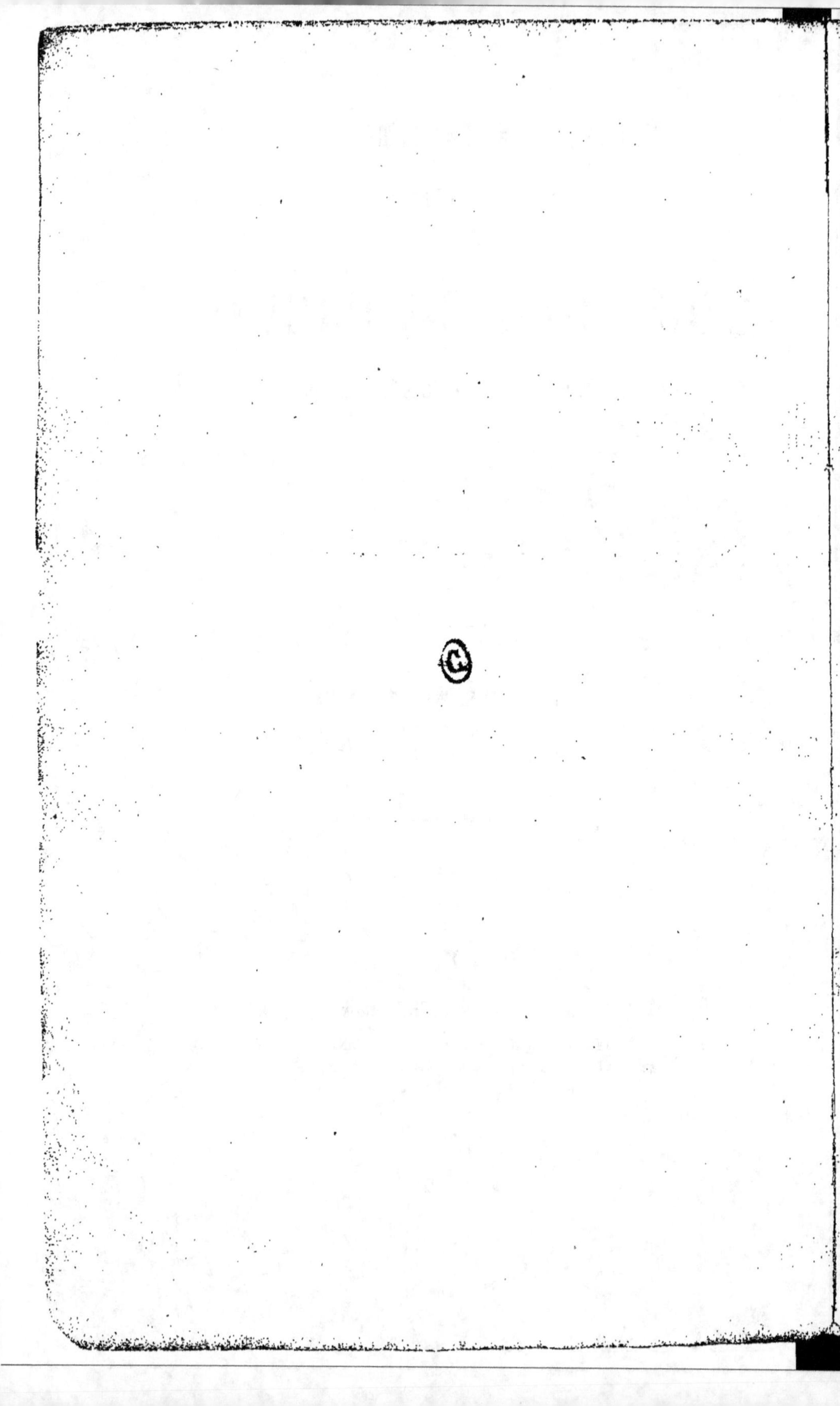

NOUVEAUX DOCUMENTS

SUR

QUELQUES POINTS DE L'HISTOIRE DU CHEVAL.

Très-peu de temps après la publication de mon livre des *Origines du cheval domestique* (1), l'un de mes meilleurs amis, M. André Sanson, professeur de zoologie et zootechnie à l'École d'agriculture de Grignon, lui a consacré, sous le titre de *Chronique trimestrielle des sciences*, un long article analytique qu'il a inséré dans le *Recueil*, 5ᵉ série, t. VII, 1870, p. 213-225.

M. Sanson m'ayant, par inadvertance, attribué dans cet article quelques opinions qui sont diamétralement opposées à celles que j'ai émises dans mon livre, il est de mon intérêt de démontrer ce fait qui ressortira suffisamment de quelques courtes citations. Il m'a de plus fait quelques objections que je vais essayer de réfuter; cela me fournira l'occasion de donner sur l'histoire du cheval pendant les temps paléontologiques et pendant les temps modernes, de nouveaux documents à l'appui de quelques-unes des thèses que j'ai soutenues; et j'insisterai principalement sur les questions suivantes :

Depuis le commencement de l'époque quaternaire jusqu'à nos jours, notre globe a été le théâtre de phénomènes géologiques et climatologiques de la plus haute importance. Ces phénomènes, aidés encore sur quelques points de la terre par le fait de l'exploitation du globe par l'homme, ont déterminé l'extinction lente et successive, non-seulement de diverses *espèces équines*, mais aussi de plusieurs *races chevalines*. Deux nombreuses populations chevalines, naturalisées depuis très-longtemps dans deux vastes régions du globe, ont été complétement anéanties en moins de treize siècles par l'intrusion de races étrangères venues du dehors; et ce fait tout récent se continue ailleurs sous nos yeux. Enfin, ce sont bien les Hyksos ou Khétas qui ont introduit en Egypte la race chevaline dite dongolawi ou nubienne; cette race, que M. Sanson appelle *Equus caballus africanus*, est certainement d'origine asiatique et touranienne; et l'histoire des premiers conflits de cette race dongolawi avec la race aryenne dite arabe et anglaise de pur sang, éclairera même certains points importants de l'antique histoire des peuples de l'Asie.

Mais avant d'aborder ces diverses questions, je tiens à protester contre une erreur dans laquelle sont tombées quelques-unes des personnes qui ont lu l'article de M. Sanson.

____

(1) *Les origines du cheval domestique, d'après la paléontologie, la zoologie, l'histoire et la philologie*, par C.-A. Pietrement; 1 vol. in-8°; Paris, 1870; chez Donnaud, rue Cassette, 9.

le langage de la zoologie classique, veut dire que ces races étaient nécessairement des dérivées d'une unique espèce chevaline. Celle-ci ne pourrait dès lors avoir pour prototype que le cheval domestiqué par les Aryas; et, par conséquent, dans son esprit, l'introduction de l'usage du cheval comme animal domestique et celle de l'animal lui-même, en tant qu'espèce zoologique, se confondent. Il raisonne constamment comme si, dans les pays où il constate la date à laquelle le cheval a été utilisé par les populations, excepté chez les Aryas et chez les Touraniens, l'animal avait été absent à ce moment-là.

« C'est ce que nos connaissances zoologiques ne nous permettent plus d'admettre. J'ajouterai, d'ailleurs, que ces connaissances, loin de contredire les solutions purement historiques proposées par M. Piétrement, les confirment, au contraire, de tout point, et viennent leur donner une singulière force, — en ce sens qu'elles établissent que, d'après les lois naturelles, les choses n'ont pas pu se passer autrement que le dit notre ami, d'après les documents historiques et les discussions philologiques qu'il met en œuvre pour l'établir. Partout, en effet, où il indique la présence des peuples orientaux qui se sont les premiers servis de leurs chevaux, nous retrouvons le type bien connu de ces chevaux parmi les populations chevalines autochthones des autres types également naturels, et au même titre. Et la raison en est que les races paléontologiques de l'espèce cheval, vivant en liberté, n'étaient et ne sont encore, — car elles subsistent parfaitement, — autre chose que des espèces dès lors distinctes comme elles le sont aujourd'hui, espèces que j'ai, pour mon compte, déterminées au nombre de huit pour notre seul hémisphère.

« M. Piétrement a été, sur ce point, induit en erreur par le sens fautif attribué par l'usage scientifique au terme de race. Je dis par l'usage scientifique, attendu que dans le langage général ce terme a conservé son sens exact, qui est celui d'ensemble d'individus issus d'un même père et d'une même mère, en un mot, d'une grande famille. Je crois avoir établi qu'en réalité chaque race est d'une espèce particulière, et que la même espèce ne peut point se retrouver dans plusieurs races auxquelles elle aurait donné naissance; que, par conséquent, il convient de renoncer à l'erreur commise par les naturalistes modernes, lorsqu'ils ont proposé de donner le nom de *race* à ce qu'ils ont appelé des *variétés constantes* de l'espèce. Il y a incontestablement, dans les races spécifiques, des variétés; mais rien ne rend nécessaire de les désigner par un autre nom que celui-là, quelque constantes qu'elles puissent être, ce qu'il n'y a pas lieu de discuter en ce moment.

« Il faut donc, à mon avis, pour mettre en leur véritable jour les études de M. Piétrement, entendre bien qu'il ne s'agit, chaque fois qu'il prouve l'introduction du cheval chez un peuple, que de l'art de l'utiliser ou d'en tirer parti comme animal moteur. Ses recherches n'ont pas eu pour but d'éclairer la zoologie des races chevalines, quoiqu'elles doivent avoir pour effet d'y projeter une vive lumière au contact des études poursuivies d'un autre côté; il n'a invoqué, au contraire, les notions zoologiques dont il pouvait disposer que pour essayer de fortifier ses thèses historiques. »

Nos divergences d'opinion, que l'on constatera dans d'autres parties de l'article analytique de M. Sanson, tiennent le plus souvent à ce que nous n'avons pas interprété certains faits de la même façon; mais il me prête, dans ces prémisses, quelques idées tout à fait opposées à celles que j'ai émises; et, pour le démontrer, je dois d'abord rappeler quels sens nous attribuons, dans nos écrits respectifs, aux mots *espèce* et *race*, considérés uniquement au point de vue de la classification des divers groupes d'équidés tant fossiles que vivants.

On sait que les naturalistes divisent la famille des *équidés* en plusieurs genres, dont l'un est le genre *equus* proprement dit, qui comprend nos chevaux domestiques actuels et ceux des chevaux fossiles qui s'en rapprochent le plus. Ils reconnaissent dans ce genre *equus* plusieurs espèces, tant fossiles que vivantes, qu'ils désignent sous le nom d'*espèces équines*, dont l'une est l'espèce *equus caballus* ou l'*espèce équine* proprement dite. Enfin, ils divisent cette espèce *equus caballus* en plusieurs *races chevalines*, les unes éteintes, les autres encore vivantes, telles que la race arabe, la race percheronne, etc.

M. Sanson admet, comme tous les naturalistes, la division des équidés en plusieurs genres, et celle du genre *equus* en plusieurs espèces. Mais on vient de voir que, pour lui, « chaque race est d'une espèce particulière; » et que les représentants de l'*espèce équine*, ou *equus caballus* des naturalistes, constituent véritablement huit espèces distinctes qu'il désigne ainsi dans ses *Migrations des animaux domestiques : « Equus caballus asiaticus, E. C. africanus, E. C. germanicus, E. C. frisius, E. C. belgius, E. C. britannicus, E. C. hibernicus* et *E. C. sequanus* (1). » Ces espèces correspondent aux races chevalines désignées par les naturalistes sous les noms de : race *arabe*; race *nubienne* ou *dongoldwi*; race *germanique*, appelée encore *allemande* ou *danoise*; race *frisonne* ou *flamande*; race *belge*; race *britannique* ou *blackhorse*, nommée en France *boulonnaise* et *cauchoise*; race *irlandaise*, représentée en France par la race *bretonne* du littoral de l'Armorique; enfin, race *percheronne*; et M. Sanson donne le nom d'*espèces chevalines* à ces différents groupes de chevaux, afin qu'on ne puisse confondre sa manière de voir avec celle des naturalistes qui désignent ces groupes sous le nom de *races chevalines* et leur ensemble sous celui d'*espèce équine* proprement dite.

---

(1) A. Sanson, *Migrations des animaux domestiques*, extrait de la *Philosophie positive*, mai-juin 1872, p. 9.

Je ne sais si M. Sanson parviendra à faire admettre aux zoologistes que ces huit races chevalines méritent le nom d'espèces, bien que je n'aie, pour ma part, aucune objection sérieuse à lui opposer. Je n'avais, du reste, aucune connaissance de cette récente réforme du langage de la zoologie hippique lorsque j'ai rédigé mon livre ; mais, l'eussé-je même connue, que je n'en eusse pas moins employé l'ancien langage zoologique pour être plus facilement compris par la plupart des lecteurs ; et c'est ce que je continuerai de faire dans le présent mémoire. Je m'y crois d'autant plus autorisé que, à tort ou à raison, je n'attache pas une très-grande importance aux idées souvent assez vagues, surtout très-diverses, que les mots *espèce* et *race* représentent dans les écrits des naturalistes, qui ne paraissent pas sur le point de s'entendre sur cette question ; et que la solution de cette question ne saurait d'ailleurs avoir aucune espèce d'influence sur l'enchaînement des phases de l'histoire du cheval telle que je l'ai exposée. Par conséquent, si je me suis arrêté sur ces considérations, c'est uniquement afin que l'on sache bien quels sens, M. Sanson et moi, nous donnons aux mots *genre equus*, *espèce équine* ou *equus caballus*, *espèces chevalines* et *races chevalines* ; car, autrement, il serait facile de se méprendre sur la véritable portée de certaines de nos assertions respectives.

Je regrette, d'ailleurs, d'être forcé de consacrer encore quelques pages à des considérations qui n'apporteront guère de documents nouveaux pour l'élucidation de l'histoire du cheval ; mais je m'y crois d'autant plus obligé que, M. Sanson s'étant manifestement trompé sur le but et le résultat de certaines parties de mon travail, je dois fournir sur ce point des explications plus étendues que celles que j'avais données dans mon livre, afin de prémunir les lecteurs contre la possibilité d'une pareille méprise.

Je rappellerai d'abord que M. Sanson vient de m'accuser d'avoir été « induit en erreur par le sens fautif attribué par l'usage scientifique au terme de race. » Si j'ai accepté ce mot avec le sens qui lui est assigné par l'usage scientifique, c'est que j'ai cru avoir d'excellentes raisons pour le faire, après y avoir mûrement réfléchi, tant au point de vue zoologique qu'au point de vue philologique. Pour la plupart des zoologistes contemporains, et je pense comme eux à cet égard, rien ne démontre que chacune de nos races chevalines descende d'un couple unique, ce que ferait supposer le sens étymologique du mot *race*, dérivé de l'ancien haut-allemand *reiza*, lignée. Or, on sait que, lorsque dans la suite des temps un mot ne représente plus exactement l'idée de l'objet qu'il désignait avec précision à l'origine, parce qu'il s'est opéré un véritable changement dans la nature de cet objet ou simplement dans la conception qu'on s'en était faite tout d'abord, il arrive très-souvent chez tous les peuples que, au lieu de laisser perdre ce mot, on continue à l'utiliser en lui donnant une acception nouvelle, appropriée au nouvel état de cet objet, ou à la conception nouvelle qu'on s'en est formée. C'est ainsi que les mots anglais *lord*, *lady*, *daughter*, signifient actuellement *seigneur*, *dame*, *fille*, et ont perdu leurs sens étymologiques de *source* ou *producteur du pain*, *distributrice du pain*, *trayeuse*, acceptations qui étaient parfaitement justes à l'origine. Nous avons donc usé du même procédé économique, en changeant légèrement la signification du mot race au lieu d'en créer un autre; et c'était notre droit, basé sur l'une des lois, je ne dirai pas les plus logiques, mais du moins les plus usuelles de l'évolution du langage chez tous les peuples.

On a vu que M. Sanson m'attribue aussi une opinion qu'il formule ainsi :

« Obligé de se placer au point de vue de la zoologie courante, et, bien que les notions paléontologiques lui eussent fait voir, dès la période quaternaire, l'existence des chevaux en Europe, en Afrique et en Amérique, l'auteur a dû admettre que ces chevaux ne pouvaient appartenir « qu'à plusieurs races naturelles de l'espèce cheval vivant en liberté; ce qui, dans le langage de la zoologie classique, veut dire que ces races étaient nécessairement des dérivées d'une unique espèce chevaline. »

Comme M. Sanson a placé entre des guillemets le membre de phrase « qu'à plusieurs races naturelles vivant en liberté, » on pourrait croire qu'il l'a pris textuellement dans mon livre ; ce serait une profonde erreur ; ce texte n'y existe nulle part.

Je n'ai, du reste, jamais admis que tous les chevaux quaternaires appartenaient uniquement à diverses races de l'espèce cheval; j'ai, au contraire, dit formellement dans ma page 15, avec M. Paul Gervais : « *Il y avait parmi les chevaux fossiles plusieurs espèces, et, dans celle qui se rapproche le plus du cheval actuel, diverses races.* » Je crois qu'il n'y a aucune ambiguïté dans cette phrase; et si je ne suis plus guère revenu sur la plupart de ces *espèces équines* fossiles, c'est que j'avais entrepris d'écrire seulement l'histoire de l'espèce *equus caballus*. J'ai toutefois montré l'*equus plicideus* déjà en rapport avec l'homme tertiaire à Saint-Prest et au Val-d'Arno (p. 18); et l'*equus fossilis* vivant à côté de l'*equus caballus* et de l'homme près de Salisbury pendant la période quaternaire (p. 26); mais j'ai évité de citer les nombreux faits paléontologiques qui montrent les diverses espèces quaternaires du genre *equus* en rapport avec l'homme; parce que l'histoire de l'*equus caballus* devait former à elle seule un volume assez considérable. C'est donc uniquement les diverses races fossiles de l'*equus caballus*, et non tous les chevaux quaternaires, que la zoologie classique fait dériver d'une unique espèce équine, et M. Sanson m'a évidemment prêté sur cette question une opinion qui ne pouvait être la mienne.

M. Sanson en conclut de suite que :

« Celle-ci (cette unique espèce chevaline) ne pourrait dès lors avoir pour prototype que le cheval domestiqué par les Aryas. »

J'ai certainement démontré que les Aryas ont domestiqué une race chevaline dans l'Asie centrale ; et cela postérieurement, sans doute, à l'époque quaternaire, puisque les faits paléontologiques sont unanimes jusqu'ici pour déclarer que l'homme de la période quaternaire a chassé et mangé le cheval sauvage, mais qu'il ne l'a pas domestiqué à cette époque. Or, avant l'époque où s'est effectuée la domestication de la race chevaline aryenne, d'autres races chevalines couvraient déjà l'ancien et le nouveau continent ; je l'ai montré dans mon livre ; et si la zoologie classique donne à ces divisions de l'espèce *equus caballus* le nom de races, c'est qu'elle admet, en effet, qu'elles étaient sœurs, qu'elles provenaient d'une souche commune ; mais elle ne dit nullement que la race aryenne ait été le prototype, c'est-à-dire la souche, la mère de cette espèce équine. Ce prototype, la paléontologie ne l'a pas encore montré ou du moins reconnu ; et comme des races qui en sont dérivées existaient déjà à une époque assez reculée de la période quaternaire, c'est sans doute dans les terrains les plus anciens de cette période, et même probablement dans les terrains tertiaires supérieurs, qu'on aura des chances de le rencontrer. En outre, quoiqu'il soit difficile de préjuger à quel endroit du globe est apparu le prototype de l'*equus caballus*, il est probable que c'est dans l'une des régions les plus septentrionales de notre hémisphère nord ; c'est du moins ce qu'indiquerait l'aire géographique occupée par ses représentants pendant l'époque quaternaire ; car, jusqu'ici leurs débris fossiles ont été découverts uniquement au nord de l'équateur, souvent à des latitudes très-septentrionales, tant en Amérique que dans l'ancien continent. Quant aux autres espèces équines quaternaires, elles n'étaient pas les sœurs, mais elles étaient, soit les tantes proprement dites, soit les tantes à la mode de Bretagne, des diverses races de l'*equus caballus*, puisque quelques-unes d'entre elles ont déjà été retrouvées jusque dans les terrains tertiaires supérieurs ; le prototype dont ces espèces descendent est donc autre, et plus ancien que le prototype des races chevalines de l'espèce *equus caballus* ; par conséquent le prototype de ces espèces équines, qui constituaient déjà le genre *equus* dès la fin de la période tertiaire, a probablement apparu sur le globe pendant l'époque tertiaire moyenne ; et c'est à cette dernière époque que s'arrêtent pour le moment nos renseignements certains sur l'existence du genre *equus*.

Ce sont là les seules conclusions que puisse logiquement admettre quiconque reconnaît comme valables la théorie du transformisme et la classification des équidés telle qu'elle est enseignée par la zoologie courante ; et ce sont les seules que M. Sanson aurait dû me prêter, puisqu'il savait que j'ai admis cette théorie et cette classification, et que ce sont deux de ses chefs d'accusation. Je dois ajouter que les terrains quaternaires et surtout les terrains tertiaires ont été trop peu explorés jusqu'ici pour permettre de reconstruire avec certitude l'arbre généalogique du genre *equus*, dont on ne possède encore que de rares et minces rameaux en assez mauvais état : ce qui m'a d'autant plus engagé à m'occuper uniquement de l'histoire de l'*equus caballus*.

Après avoir interprété d'une façon aussi peu fidèle mes opinions sur la zoologie hippique, M. Sanson continue ainsi :

« Et par conséquent dans son esprit (de M. Piétrement), l'introduction de l'usage du cheval comme animal domestique, et celle de l'animal lui-même, en tant qu'espèce zoologique, se confondent. »

Or, pour voir combien je mérite peu ce reproche, il suffit de jeter un simple coup d'œil sur ma table des matières; on y lit en effet : « Chapitre cinquième : Histoire de l'*introduction du cheval* dans la vallée du Nil. — Chapitre sixième : Histoire de l'*introduction de l'usage du cheval* chez les Hébreux, d'après les textes de la Bible. » Je n'ai donc pas confondu l'introduction du cheval avec l'introduction de son usage; il y avait donc dans mon esprit une chose autre que celle que M. Sanson a cru y voir.

Mais suis-je parvenu à démontrer cette chose? C'est ce que M. Sanson conteste dans son assertion de la phrase qui suit immédiatement, et qui est celle-ci :

« Il (M. Piétrement) raisonne constamment comme si, dans les pays où il constate la date à laquelle le cheval a été utilisé par les populations, excepté chez les Aryas et chez les Touraniens, l'animal avait été absent à ce moment-là. »

J'ai cependant donné des preuves du contraire en divers endroits de mon livre; j'en ai surtout fourni une bien frappante à propos des Hébreux, qui ne sont pas des populations aryennes ni touraniennes; et je laisserai à M. Sanson lui-même le soin de le montrer. A la page 222 de son article analytique, il fait de mon histoire de l'introduction de l'usage du cheval chez les Hébreux, d'après les textes de la Bible, cet éloge que je suis obligé de rapporter textuellement pour ma défense : « Cette histoire forme le sixième chapitre du livre, dans lequel l'auteur se montre d'une sagacité d'analyse et de critique qui ne laisse rien à désirer. Rarement les Écritures ont été mieux commentées. Il est clair que M. Piétrement les connaît à fond et dans leurs moindres détails, pour les avoir depuis longtemps et assidûment pratiquées. Il peut sans crainte affronter les plus forts en exégèse. A côté de cela l'histoire fantaisiste du cheval de M. Ephrem Houël, qui prend bravement pour point de départ la légende du paradis terrestre, ne peut guère tenir debout; et il serait permis de se demander si notre auteur était bien obligé de consacrer son septième chapitre à la réfutation de cette histoire. Malheureusement, il faut reconnaître qu'elle ne sera pas inutile pour tout le monde..... »

Ainsi, pour M. Sanson, la démonstration de ma thèse sur l'histoire du cheval chez les Hébreux est complète, même surabondante ; or, cette thèse est celle-ci : malgré leur séjour prolongé en Palestine, pays qui était alors et depuis longtemps couvert de chevaux, les Hébreux n'ont adopté l'usage de ces animaux que sous les règnes de David et surtout de Salomon ; jusqu'à l'époque de ces rois, ils ont partout et toujours exterminé les chevaux qu'ils ont rencontrés, d'abord dans les cantons de la Palestine qu'ils ont conquis, puis chez les ennemis qu'ils ont vaincus ; et cela était la conséquence d'une loi religieuse de Moïse, qui est tombée en désuétude seulement à l'époque où le régime théocratique a été remplacé chez ce peuple par le gouvernement des rois. De l'aveu même de M. Sanson, je ne raisonne donc pas constamment comme si le cheval avait été absent du pays à l'époque où son usage a été adopté par les populations autres que les Aryas et les Touraniens.

Passons donc à la dernière assertion des prémisses de M. Sanson sur laquelle j'aie à m'arrêter :

« Il faut donc, à mon avis, pour mettre en leur véritable jour les études de M. Piétrement, entendre bien qu'il ne s'agit, chaque fois qu'il prouve l'introduction du cheval chez un peuple, que de l'art de l'utiliser ou d'en tirer parti comme animal moteur. »

M. Sanson va encore se charger lui-même de démontrer l'inexactitude de cette proposition. Comme l'histoire du cheval chez les Arabes péninsulaires est, avec celle du cheval chez les Hébreux, celle sur laquelle on a émis le plus de propositions erronées, j'ai voulu la traiter de la même façon, afin de donner une démonstration également complète, surabondante de cette question, telle qu'elle ressort des documents vraiment scientifiques. J'ai donc employé dix des pages de mon quatrième chapitre à démontrer que les Arabes péninsulaires ne se sont jamais servis du cheval dans l'antiquité ; que cet animal n'existait même pas encore dans la péninsule arabique en l'an 24 avant Jésus-Christ ; que c'est seulement vers le commencement de notre ère qu'il y fut introduit ; j'ai de plus consacré tout mon huitième chapitre à l'exposé et à la réfutation de tous les arguments que M. le docteur Perron a invoqués pour essayer de montrer que le cheval a existé de toute antiquité dans cette péninsule ; et M. Sanson admet lui-même que mes preuves sont tout aussi péremptoires dans l'histoire du cheval chez les Arabes péninsulaires que dans celle du cheval chez les Hébreux, puisqu'à propos de ces deux histoires, il dit dans sa phrase précitée que j'ai coupée par des points suspensifs : « Malheureusement il faut reconnaître qu'elle (cette réfutation) ne sera pas inutile pour tout le monde, non plus que celle qui fait l'objet du huitième chapitre, consacré à l'exposé et à l'examen des traditions arabes acceptées par M. Perron pour appuyer sa croyance à l'antiquité de l'existence du cheval dans la péninsule arabique. » De plus, en analysant mon livre dans le journal *La Culture* (8 avril 1870), M. Sanson dit, à propos de la

Grèce : « Les Proto-Grecs, lorsqu'ils sont venus s'établir en Grèce, à une époque si reculée, n'y ont point rencontré de chevaux; » et c'est en effet ce que j'ai démontré dans mon livre. M. Sanson reconnaît donc lui-même que lorsque je prouve l'introduction du cheval, soit chez un peuple, soit dans une contrée, il ne s'agit pas toujours uniquement de l'art de l'utiliser.

S'il était vrai, comme l'a dit M. Sanson, que d'une part, dans mon esprit, l'introduction de l'usage du cheval comme animal domestique, et celle de l'animal lui-même, en tant qu'espèce zoologique, se confondent; et que, d'autre part, je raisonne constamment comme si, dans les pays où je constate la date à laquelle le cheval a été utilisé par les populations, excepté chez les Aryas et chez les Touraniens, l'animal avait été absent à ce moment-là; il en résulterait nécessairement que, dans mon opinion, tous les chevaux qui peuplent actuellement le globe ne pourraient être que les descendants des chevaux asiatiques, qui ont été transportés sur toute la terre par les migrations des Touraniens et des Aryas et par les rapports commerciaux de ces deux races d'hommes avec les peuples des autres races humaines. C'est la conséquence que tout le monde doit tirer des assertions de M. Sanson; mais c'est une exagération contre laquelle j'ai protesté d'avance en divers endroits de mon livre, et je dois insister de nouveau sur cette question.

Avant d'aborder l'histoire paléontologique du cheval, qui fait l'objet de mon deuxième chapitre, j'ai cru qu'il pouvait être utile de signaler les diverses opinions qui ont été émises antérieurement sur cette question; j'ai cité dans ce but, pages 14-16, un passage emprunté à l'*Histoire naturelle des mammifères* de M. Paul Gervais; et j'ai laissé passer, sans aucun commentaire immédiat, les propositions que j'acceptais dans l'exposé historique de ce savant. Mais, M. Paul Gervais ayant dit que les naturalistes admettent, en général, que l'espèce véritable du cheval ou quelques espèces qu'il n'est pas toujours facile d'en distinguer « ont été anéanties en Europe et dans le nord de l'Afrique antérieurement à l'apparition de l'homme dans ces contrées, » j'ai immédiatement protesté en ces termes contre une pareille assertion, dans la note 2 de ma page 14 : « On va bientôt voir, au contraire, que le cheval sauvage existait encore à côté des premiers hommes antéhistoriques qui ont habité l'Europe »; et M. Paul Gervais ayant ajouté que, suivant ces mêmes naturalistes, « les chevaux domestiques n'y ont été amenés que plus tard, conduits par ces innombrables peuplades qui ont autrefois quitté l'Asie ou l'Europe orientale pour s'établir en Occident, » je me suis hâté de dire en note, à la page 15 : « Cette question sera examinée dans le chapitre X, » voulant de suite prémunir le lecteur contre ces idées exagérées qui venaient précisément d'être présentées avec talent dans les ouvrages d'Isidore Geoffroy Saint-Hilaire.

Or, dans ce dixième chapitre, qui est principalement consacré aux migrations des chevaux asiatiques, je dis tout d'abord, pages 432-433, que cette population chevaline, entraînée dans les migrations des peuples orientaux, et notamment des Aryas, « a pénétré à diverses reprises dans une foule de pays plus ou moins éloignés de son centre d'irradiation, qu'elle a peuplé certaines contrées initialement dépourvues de chevaux, et qu'*elle a exercé en divers endroits* une influence plus ou moins considérable sur les races équestres qu'elle a pu y rencontrer lors de son arrivée. »

J'ai été encore plus explicite dans ma page 459 ; car, après avoir cité divers documents relatifs à l'histoire ancienne de l'Europe occidentale, j'en conclus qu'on peut en inférer : « que la date de la première utilisation du cheval domestique paraît y avoir été synchronique de celle du bronze ; que les Aryas y introduisirent le cheval et le bronze dès une époque très-ancienne ; mais qu'ils peuvent y avoir dès lors trouvé ce métal et cet animal déjà en usage chez les peuplades qui les y avaient précédés ; et que de plus ils peuvent avoir dompté et croisé avec leurs chevaux asiatiques, *ceux qui étaient naturels à l'Europe, et qui paraissent n'avoir jamais cessé de l'habiter depuis l'âge du grand Ours des cavernes.* »

On ne pouvait dire plus clairement : je crois à la persistance dans l'Europe occidentale de quelques-unes des races chevalines qui l'ont habitée pendant l'époque quaternaire.

J'avais d'ailleurs compris que la nouvelle lumière, jetée par mes recherches sur l'histoire des races chevalines asiatiques, pourrait faire paraître encore plus obscure l'histoire des autres races, et qu'il pourrait en résulter quelque méprise sur la véritable portée de mon livre ; aussi m'y suis-je préoccupé, dès le début, de garantir le lecteur de ce genre d'illusion.

On avouera que l'histoire de la domestication des divers animaux sur les différents points du globe était suffisamment étrangère au but de mes recherches pour que je pusse me dispenser d'en parler. Néanmoins, en terminant l'histoire paléontologique du cheval, afin de détruire l'erreur trop répandue d'une domestication des animaux qui se serait effectuée uniquement en Asie suivant certains naturalistes, j'ai consacré quatorze pages, 36-49, à montrer que des races animales ont été domestiquées sur une foule de points du globe, aussi bien dans l'Europe occidentale qu'en Asie et en Amérique ; et j'ai terminé cette digression par cette phrase qui est suffisamment explicite : « Ce sont là des considérations qu'il ne faut pas perdre de vue, afin de n'être pas tenté de tirer des conséquences exagérées des résultats auxquels nous conduiront nos recherches sur l'histoire du cheval en Orient. »

Je crois donc qu'un lecteur attentif ne pouvait se méprendre sur mes opinions en fait de zoologie hippique, ni sur les résultats des recherches exposées dans mon livre ; cela deviendra en tous cas plus difficile après les explications qui précèdent.

Ce qui a dû tromper M. Sanson à cet égard, c'est sans doute qu'après avoir lu dans mon livre l'histoire des origines et des migrations des deux races chevalines asiatiques qui occupent actuellement à elles seules presque toute la surface du globe, il y a cherché en vain l'histoire de ses six races européennes, dont je n'ai bien connu les existences individuelles que deux ans plus tard, par la lecture de ses *Migrations des animaux domestiques*. Car, jusqu'alors, je n'avais eu connaissance des races chevalines propres à l'Europe occidentale, que par des descriptions hippologiques incapables de me renseigner exactement sur leurs lieux d'origine, sur leurs véritables caractères différentiels, et sur leur classification scientifique : lacune que M. Sanson comblera complétement, en donnant la description de leurs caractères, ainsi que la représentation de leurs crânes, dans l'*Ostéographie de mammifères domestiques*, dont il a annoncé la prochaine publication à la librairie de G. Masson.

On ne connaît d'ailleurs rien de l'histoire des races chevalines européennes dans la haute antiquité, puisqu'elles habitent des contrées dont la civilisation est très-récente, et qui sont complétement dépourvues de très-anciens documents historiques et archéologiques. La seule chose sur laquelle M. Sanson ait pu s'appuyer pour déterminer leurs lieux d'origine, c'est la connaissance de leurs aires géographiques actuelles ; et je dois ajouter que l'exactitude de sa détermination a été récemment confirmée pour l'une de ces races. En effet, un crâne fossile d'*equus caballus*, le seul crâne quaternaire d'équidé que l'on connaisse jusqu'ici, a été découvert à Grenelle (Paris), dans le courant de l'année 1870 ; et ce crâne présente les caractères typiques de notre race percheronne actuelle, que M. Sanson avait antérieurement déclarée originaire du bassin parisien.

Les migrations de ces races européennes n'ont du reste été ni nombreuses, ni lointaines ; la seule qui présente un véritable intérêt, c'est la migration de la race allemande en Italie ; et nous y reviendrons plus loin.

J'ai rencontré dans le Rig-Véda de nombreuses mentions de chevaux, les uns noirs, les autres rouges, les autres rougeâtres, les autres jaunes, les autres blancs ; et j'en ai conclu que la domestication du cheval était déjà ancienne à l'époque où ont été composés les hymnes de cet antique monument : ce qui a inspiré à M. Sanson ces réflexions insérées à la page 218 de son article analytique :

« L'induction d'Isidore Geoffroy Saint-Hilaire sur l'influence de la domestication à l'égard de la robe des animaux dont s'inspire évidemment M. Piétrement, témoigne à la fois d'une insuffisance d'observation et d'une erreur physiologique manifeste. Il n'y a aucune loi naturelle qui permette d'admettre la réalité d'une telle influence. Il n'existe aucun groupe d'animaux mammifères pourvus de poils dans lesquels on ne trouve chez les individus distincts les quatre couleurs blanche, noire, rouge, jaune. Ces quatre couleurs se combinent de bien des manières ou restent séparées pour former les diverses robes, mais elles subsistent toujours, et rien ne nous autorise à supposer que, dans chaque race, elles n'ont pas toujours existé. La volonté de l'homme peut en éliminer une ou plusieurs pour un temps, dans les variétés qu'il forme par ses soins, et nous en avons de fréquents exemples; mais il n'est pas en son pouvoir d'en faire acquérir une nouvelle. Si donc les Aryas avaient déjà des chevaux de diverses couleurs, c'est que ces chevaux les présentaient bien avant leur emploi aux usages domestiques. »

Je n'ai jamais prétendu, comme le fait supposer ce passage de M. Sanson, que la volonté de l'homme, et j'aime mieux dire l'influence de la domestication, parce qu'il y a souvent là une action involontaire, inconsciente, de la part de l'homme ; je n'ai, dis-je, jamais prétendu que l'influence de la domestication ait introduit dans la robe des chevaux domestiques une seule couleur autre que celles qui pouvaient exister sur leurs ancêtres sauvages. Il ne me répugne même nullement d'admettre avec M. Sanson, quoique cela soit encore loin d'être complétement démontré, que la robe de chacun de ces chevaux sauvages pouvait présenter la réunion de toutes les diverses couleurs qu'on remarque aujourd'hui dispersées sur tant d'individus domestiques, souvent porteurs d'une robe particulière si différente de celles de leurs voisins. L'étude du pelage des chevaux sauvages ou marrons actuels doit même faire admettre que cette réunion de couleurs si diverses sur une même robe pouvait constituer, chez les ancêtres de nos chevaux domestiques, une livrée analogue à celle de l'hémione, du cerf, etc., mais non à celle de l'ours blanc, pour ne citer qu'une seule des nombreuses espèces sauvages dont le système pileux ne présente pas les quatre couleurs blanche, noire, rouge et jaune. Ce que j'affirme en outre, et ce que tout le monde sait, c'est que lorsque ces couleurs variées se rencontrent chez certaines espèces mammifères sauvages, elles ont toujours la même disposition chez tous les sujets de cette espèce, c'est-à-dire que leur agencement constitue une livrée qui est la même chez tous les représentants de cette espèce sauvage. Ainsi, pour choisir un exemple entre mille, tous les chevreuils ont la même livrée, et l'on ne voit pas chez eux des individus les uns noirs, les autres bais, les autres alezans, les autres isabelles, les autres pies, etc., quoique, en se donnant la peine d'examiner la variété des teintes dont se compose la robe du chevreuil, il soit facile de s'apercevoir qu'un peintre ne serait guère embarrassé pour en tirer toutes les couleurs nécessaires à la composition de la plupart des robes énumérées plus haut.

On sait parfaitement que si de très-âgés mammifères sauvages abandonnent quelquefois la livrée de leur espèce ou de leur race, c'est toujours pour

revêtir la seule robe blanche, et non les livrées si variées et souvent si bi-
garrées que l'on remarque sur les animaux domestiques ; il n'y a donc, sous
ce rapport, aucune espèce de comparaison à faire entre les uns et les autres.

Les robes si diverses, variant d'individu à individu, ou de groupe à groupe,
dans une même espèce, se remarquent donc uniquement chez les animaux
domestiques, et c'est cela seulement que j'ai avancé. Cela tient, comme l'a
dit M. Sanson dans son avant-dernière phrase citée, à ce que la volonté de
l'homme (et souvent son action inconsciente, selon moi) a pu éliminer une
ou plusieurs des couleurs variées qui se rencontraient à l'origine sur certaines des espèces qu'il a domestiquées. Mais puisque M. Sanson fait cet
aveu, on ne conçoit pas qu'il ait pu dire, dans le même passage, quelques
lignes plus haut, que l'induction d'Isidore Geoffroy sur l'influence de la domestication à l'égard de la robe des animaux, témoigne d'une insuffisance
d'observation et d'une erreur physiologique manifeste ; car ce qu'il y a de
manifeste ici, c'est la contradiction qui existe entre les deux assertions de
M. Sanson.

En outre, quoique M. Sanson affirme que je me suis évidemment inspiré
de l'induction d'Isidore Geoffroy sur l'influence de la domestication à l'égard
de la variabilité des couleurs chez les animaux, je puis certifier que, bien
avant de lire les ouvrages de ce savant et même avant leur publication, j'avais
acquis la connaissance de cette notion scientifique par la lecture d'auteurs
plus anciens. C'est donc gratuitement que M. Sanson semble attribuer à Isidore Geoffroy l'honneur, ou le tort, selon lui, d'avoir le premier introduit
cette donnée dans la science. Buffon, entre autres, l'avait énoncée dans une
foule de passages ; en voici un exemple très-précis, relatif aux mammifères,
et qui est tiré de son discours intitulé : *De la dégénération des animaux :*
« L'état de domesticité a beaucoup contribué à faire varier la couleur des
« animaux : elle est, en général, originairement fauve ou noire. Le chien,
« le bœuf, la chèvre, la brebis, le cheval, ont pris toutes sortes de cou-
« leurs, etc. (1). » Notre grand naturaliste n'est pas moins explicite dans cet
autre passage : « Quoique cet oiseau (le chardonneret) ne perde pas son rouge
« dans la cage aussi promptement que la linotte, cependant son plumage y
« éprouve des altérations considérables et fréquentes, comme il arrive à tous
« les oiseaux qui vivent en domesticité (2). » Cette dernière phrase est la
première de l'article de Buffon sur les *Variétés du chardonneret,* article où
sont rapportés de nombreux faits à l'appui de la facilité avec laquelle les
chardonnerets varient de couleur sous la simple influence de la captivité, car

---

(1) Buffon, *Œuvres complètes,* avec les suites, par Achille Comte ; 6 vol. grand
in-8° ; Paris, 1845, t. V, p. 100.

(2) Buffon, *op. cit.,* t. VI, p. 100.

ces chardonnerets n'étaient pas de vrais oiseaux domestiques comme nos oiseaux de basse-cour, chez la plupart desquels les variations de plumage sont encore plus nombreuses et plus accentuées.

Comme j'ai lu l'*Histoire des animaux* d'Aristote et les ouvrages des anciens sur l'histoire naturelle et sur l'agronomie il y a près de trente ans, à une époque où je ne prenais pas des notes de mes lectures avec tout le soin que j'y ai mis depuis, je ne saurais affirmer que ces anciens observateurs ont également signalé l'influence de la domesticité sur la variation des couleurs des animaux. Mais il serait bien étonnant qu'ils ne l'eussent pas fait, et il serait oiseux d'entreprendre des recherches pour élucider cette question ; car quiconque possède quelque notion de l'histoire de l'antiquité sait parfaitement que, de temps immémorial, l'attention d'une foule de peuples a été tout particulièrement frappée par ce fait de la variabilité des couleurs, spéciale aux animaux domestiques, chez lesquels elle est si fréquente, tandis qu'elle est si rare, si exceptionnelle chez les mammifères sauvages, qu'on la considère à juste titre comme normalement étrangère à ces derniers. Les anciens peuples avaient d'ailleurs pu constater cette différence avec d'autant plus de facilité qu'ils vivaient plus que nous au milieu des animaux sauvages, alors plus nombreux et plus souvent chassés qu'ils ne le sont aujourd'hui chez les peuples civilisés.

La connaissance de la variabilité de couleur des animaux domestiques a même souvent donné lieu, dans l'antiquité, soit à des croyances religieuses plus ou moins superstitieuses, soit à des légendes populaires qui pourraient très-bien avoir eu quelquefois un fond de vérité. Il y a même plus, c'est que quelques-unes des conditions qui concourent efficacement à la transmission et à la propagation de certaines variétés de couleur chez les animaux domestiques avaient dès lors été étudiées scientifiquement, ou, si l'on préfère, empiriquement ; et il n'était pas rare de rencontrer des hommes sachant déjà mettre à profit certaines pratiques zootechniques, inconnues du vulgaire, dans le but de diriger cette variabilité dans un sens favorable à leurs intérêts. J'en rapporterai un exemple qui date de près de quatre mille ans.

Lorsque Jacob eut quitté son pays natal, fuyant la colère de son frère Esaü auquel il avait enlevé subrepticement son droit d'aînesse et la bénédiction paternelle, il se rendit en Mésopotamie, auprès de son oncle maternel Laban, dont il épousa les deux filles, Lia et Rachel. Investi de la confiance de Laban, et devenu son berger en chef ou l'intendant de ses nombreux troupeaux, il lui demanda pour son salaire toutes les brebis picotées et tachetées, et tous les agneaux roux, et les chèvres tachetées et picotées, ainsi que les agneaux et les chevreaux qui naîtraient à l'avenir avec ces marques. Laban ne tarda guère à s'apercevoir qu'il avait fait un marché de dupe, et il en changea les conditions, ce qui ne lui réussit pas mieux ; Jacob le raconte en ces termes à ses femmes : « Vous savez que j'ai servi votre père de tout mon pouvoir ; mais votre père s'est moqué de moi, et il a changé dix fois mon salaire ; mais Dieu n'a pas permis qu'il m'ait fait aucun mal. Quand il disait ainsi : Les picotées seront ton salaire, alors toutes les brebis faisaient des agneaux picotés. Et quand il disait : Les marquetées seront ton salaire, alors toutes les brebis faisaient des agneaux marquetés. Ainsi Dieu a ôté le bétail à votre père et me l'a donné. » (Genèse, xxxi, 6-9.) Je n'ai pas besoin d'ajouter que les baguettes pelées de peuplier, de coudrier et de châtaignier que Jacob jette dans les auges et dans les abreuvoirs du bétail, ne font que servir de voile à la véritable pratique zootechnique au moyen de laquelle il parvint à se rendre possesseur des troupeaux de son beau-père ; c'est là un fait parfaitement connu et depuis longtemps signalé par les exégètes. Je ferai seulement remarquer que ce rusé patriarche savait, près de quatre mille ans avant Isidore Geoffroy, qu'il existait des variations de couleur chez les animaux domestiques, et qu'il était même possible à un homme adroit de diriger ces variations au plus grand avantage de ses intérêts personnels.

Il est donc certain que les couleurs des animaux varient sous l'influence de la domesticité, et que Buffon avait déjà insisté sur ce fait, qui avait même été utilisé dès la plus haute antiquité. Mais, je dois l'avouer, il est moins sûr qu'il ait fallu un grand nombre de siècles pour provoquer la diversité des couleurs signalées sur les chevaux des hymnes védiques ; c'est sur ce point seulement que M. Sanson aurait pu me faire une objection sérieuse s'il y avait pensé ; et je m'estime, en conséquence, fort heureux d'avoir pu fournir dans mon livre d'autres preuves plus péremptoires de l'extrême antiquité de la domestication du cheval par les Aryas primitifs.

Cela étant établi, je reviens au texte de M. Sanson, qui dit dans sa page 219 :

« On est en droit de s'étonner que M. Piétrement, dont l'esprit critique est en général si sûr lorsqu'il s'agit de choses d'érudition, se soit montré facile à ce point d'accepter sans réserve ceci :

« Isidore Geoffroy Saint-Hilaire, dit-il, a, le premier, appelé l'attention
« sur ce fait général qu'il a appuyé de raisons nombreuses et très-plausibles :
« l'Afrique est, sans exception, la patrie naturelle des espèces zébrées du
« genre *equus*, le couagga, le daw et le zèbre ; l'Asie est la patrie de celles
« qui ont le pelage uniforme, le cheval et l'hémione. »

« Il est trop évident que ni les chevaux ni les hémiones n'ont le pelage uniforme, et que si la patrie originaire des zébrides est incontestablement en Afrique et celle des hémiones en Asie, celle des nombreuses espèces chevalines ne peut être fixée nulle part, si ce n'est pour chacune de ces espèces en particulier. Mes propres recherches sur ce sujet conduisent à conclure qu'il est né des chevaux partout à la fin de la période tertiaire du globe, ne

Asie, en Europe, en Afrique et en Amérique, puisque leurs ossements ont été trouvés partout à l'état fossile. »

Ce passage me procurera l'occasion de relever quelques erreurs de mon ami, tout en reconnaissant les quelques fautes que j'ai pu commettre moi-même ici et ailleurs.

M. Sanson donne évidemment à entendre ici que je crois les chevaux sauvages et les hémiones porteurs d'une robe unicolore. Je n'ai que ceci à répondre : Isidore Geoffroy connaissait parfaitement la robe des hémiones, puisqu'il en avait sous les yeux au Muséum, ce qui lui a permis d'en donner une description très-exacte ; malgré cela, il a désigné cette robe par les expressions générales tantôt d'uniforme, tantôt de concoloré, quand il a voulu la distinguer de celle des espèces zébrées du même genre zoologique, et je crois que personne n'a pu se méprendre sur le sens que ce savant attribuait à ces mots en pareille circonstance. On voit que, dans ma phrase précitée par M. Sanson, j'oppose également le mot *uniforme* à celui de *zébré* ; et puisqu'il savait que j'avais lu les ouvrages d'Isidore Geoffroy, et que j'avais également vu des hémiones au Muséum, il aurait dû se douter que je savais que ces animaux n'ont pas une robe unicolore. Si j'avais cru leur robe unicolore, c'est de ce mot que je me serais servi, parce que c'eût été le véritable mot propre. J'ai cherché en vain dans la langue française un mot capable de désigner une robe qui n'est ni zébrée, ni mouchetée, ni oeillée, ni pommelée, etc., enfin un mot capable de désigner à lui seul la généralité des robes exemptes de toute espèce de bigarrures, mais composées de grandes teintes plates diversement colorées et se fondant plus ou moins harmonieusement les unes avec les autres, comme dans les robes des chevaux sauvages et des hémiones ; mais je n'ai rencontré que quelques expressions techniques comme bai, alezan, etc., qui ne sont applicables qu'à des cas particuliers et qui ne peuvent nullement remplacer le mot que je cherchais. A défaut d'une expression générale à sens parfaitement propre et défini, je me suis donc cru autorisé, par l'exemple d'Isidore Geoffroy et autres à me servir tantôt du mot *uniforme*, dont l'alliance avec le mot couleur est étrangement disparate, tantôt du mot *concoloré*, dont l'introduction récente dans notre langue ne fera obtenir à son auteur, quel qu'il soit, aucun prix de linguistique, car c'est un mot qu'on aurait pu, sans inconvénient, laisser dormir dans le latin. Ces deux raisons m'ont fait supposer que l'attention serait, par cela même, attirée sur ces mots, et que l'on verrait que, dans le cas actuel, je les prends uniquement dans le sens opposé à celui de zébré. Je reconnais néanmoins que j'ai eu tort, et, si j'avais à refaire ma phrase, je dirais les espèces à pelage non zébré. Il n'en est pas moins vrai que M. Sanson eût pu se borner à relever l'impropriété de mon expression de pelage uniforme, sans m'attribuer une erreur qui n'était pas dans mon esprit.

Je dois ajouter que je n'affirmerais plus aujourd'hui, comme Isidore Geoffroy, que tous les représentants sauvages du genre *equus* portent ou por-
taient en Asie la robe que nous avons improprement appelée *uniforme*; car
la relation d'un fait de l'histoire de la Chine, arrivé en l'an 107 avant Jésus-
Christ, me ferait croire le contraire; mais je ne possède pas encore tous les
renseignements philologiques nécessaires pour exposer ce fait avec tous les
développements qu'il comporte.

J'avoue également que c'est bien à tort que j'ai mentionné le cheval dans
la dernière phrase qui vient de faire l'objet de la critique de M. Sanson ; car,
si elle était isolée, cette phrase ferait certainement croire que l'Asie est, pour
moi, l'unique patrie du cheval. Or, on a vu précédemment que ce n'est pas
mon opinion, et qu'il existe dans mon livre de nombreux passages qui té-
moignent avec la dernière évidence que j'ai dit maintes fois le contraire. J'ai
donc très-inconsidérément introduit le mot *cheval* dans cette phrase qui est
mon entrée en matière d'une petite digression de géographie zoologique, et
qui est la condensation de trois ou quatre phrases d'Isidore Geoffroy, dont, je le
répète, je suis d'ailleurs très-éloigné de partager les opinions sur la provenance
asiatique de la plupart de nos espèces et de nos races domestiques. Au reste,
ma phrase se trouve à la page 170 de mon livre, et les conclusions que je tire
de mes considérations zoologiques, en ce qui concerne le cheval, c'est que la
zoologie est en parfaite concordance avec l'histoire et la philologie, enfin que
« tout se réunit pour faire regarder la souche sauvage qui a donné naissance
aux chevaux domestiques de l'Orient comme originaire de l'Asie centrale.
Tout démontre que cette région fut habitée par le cheval sauvage aussi anciennement que n'importe quelle autre contrée du globe qui l'a possédé, et
que tout porte à croire que les populations de l'Asie centrale, civilisées et en
possession du cheval depuis une si haute antiquité, ont assujetti *les chevaux
naturels à leur sol*, et qu'ils avaient à leur portée, ce qui leur était bien plus
facile que de s'attaquer à *des races exotiques* qui auraient exigé l'opération
préalable et souvent difficile de l'acclimatation. » Ce passage se trouve textuellement à la page 173 de mon livre; de sorte que, si M. Sanson avait
voulu tourner un seul feuillet, il aurait eu une nouvelle preuve de ma véritable opinion sur la distribution géographique des races de chevaux sauvages
à l'origine des sociétés humaines ; il aurait vu que j'y admets non-seulement
des chevaux naturels au sol de l'Asie, mais aussi des races exotiques qui lui
auraient rappelé les chevaux naturels à l'Europe qui ont été cités plus haut;
et que, par conséquent, l'Asie n'est pas pour moi l'unique patrie du cheval.
S'il avait fait cela, il n'aurait vu rien autre chose qu'un lapsus à signaler dans
ma phrase si critiquée et si critiquable, ce qui l'eût sans doute dispensé d'a-
vancer sur l'époque de la naissance des chevaux sur le globe une assertion
dont il me reste à montrer l'inexactitude.

En disant « qu'il est né des chevaux fossiles partout à la fin de la période tertiaire du globe, en Asie, en Europe, en Afrique et en Amérique, » M. Sanson n'a sans doute pas voulu parler uniquement des représentants de l'*equus caballus*, dont nous faisons plusieurs races et dont il fait plusieurs espèces, ce qui importe peu ici, car les représentants de l'*equus caballus* ont été rencontrés dans les dépôts quaternaires les plus anciens comme dans les plus modernes, dans le nord de l'Afrique, dans l'Amérique septentrionale et dans presque toutes les contrées de l'Europe (1) ; on les a également trouvés dans beaucoup de contrées de l'Asie, quoique la paléontologie et la géologie soient, en général, fort arriérées dans cette partie du monde, notamment en ce qui concerne la Syrie et les vallées du Tigre et de l'Euphrate ; mais les représentants de l'*equus caballus* n'ont jamais été signalés dans aucun terrain tertiaire de l'Afrique, ni de l'Europe, ni de l'Amérique, et M. Sanson se serait, par conséquent évidemment trompé si c'était d'eux qu'il eût affirmé qu'ils sont nés partout à la fin de la période tertiaire. Toutefois, quoique je ne sache pas qu'aucun débris d'*equus caballus* ait été vu dans aucun terrain tertiaire, je ne voudrais pas affirmer qu'on n'en découvrira pas. Il est même possible que cette découverte ait déjà été faite en Sibérie ; et l'on peut, en tous cas, affirmer *a priori* que, si l'on a jamais des chances de rencontrer des débris d'*equus caballus* tertiaires, ce sera dans cette contrée ; car on sait déjà que certains mammifères européens ont été tertiaires en Sibérie avant de devenir quaternaires en Europe : MM. Murchison, de Verneuil et Keyserling ont démontré ce dernier fait dans leur *Géologie de la Russie*, et M. Édouard Lartet l'a rappelé dans son Mémoire *Sur les migrations anciennes des mammifères de l'époque actuelle*, qu'il a inséré dans les *Comptes-rendus de l'Académie des sciences*, t. XLVI, 1858, pp. 409-414.

Il est donc extrêmement probable, je dirai même certain, que M. Sanson avait en vue l'ensemble des espèces de chevaux fossiles que les paléontologistes désignent par l'expression générale de genre *Equus*, quand il a affirmé que : « il est né des chevaux partout à la fin de la période tertiaire du globe, en Asie, en Europe, en Afrique et en Amérique. » En effet, si parmi ces espèces les unes sont propres à l'époque quaternaire, au moins dans l'état actuel de nos connaissances, un grand nombre d'autres espèces du même genre ont certainement vécu en Amérique, en Europe et en Asie à la fin de la période tertiaire ; ou, en d'autres termes, ces dernières espèces du genre *Equus* y ont été rencontrées dans les terrains tertiaires supérieurs ou *pliocènes* qui constituent l'étage le plus récent de la formation tertiaire. Quoique

---

(1) Je dois faire observer qu'on n'a certainement encore trouvé aucune espèce de débris de chevaux, *Equus caballus* ou autres, dans les terrains quaternaires du Danemark, et je ne sache pas qu'on en ait non plus signalé en Grèce.

je ne sache pas qu'on ait jusqu'ici rencontré des représentants tertiaires du genre *Equus* en Afrique, je me permettrai d'autant moins de nier l'affirmation contraire de M. Sanson, que j'ai toujours pensé que, si ces représentants n'ont pas encore été trouvés en Afrique en raison du peu de recherches paléontologiques qu'on y a faites, on pouvait cependant affirmer *a priori*, connaissant la constitution géologique générale de cette partie du monde, que l'on y rencontrera au moins des espèces équines tertiaires, analogues aux zébrides actuels, dans la région située au sud du Sahara, lequel était une vaste mer à l'époque tertiaire et au commencement de l'époque quaternaire. Jusqu'ici, M. Sanson aurait donc parfaitement raison. Mais je suis forcé d'ajouter qu'on n'a pas rencontré des débris fossiles du genre *Equus* seulement dans les terrains *pliocènes* ou tertiaires supérieurs ; on en a également trouvé dans l'étage qui les précède immédiatement, c'est-à-dire dans les terrains *miocènes* ou tertiaires moyens. Ainsi, on rencontre de véritables chevaux dans le *miocène* de l'Inde, notamment dans les monts Sévalik, sur le versant sud de l'Himalaya : les débris de l'*equus sivalensis* en sont une preuve indéniable ; et j'insiste sur ce point, que ces chevaux miocènes de l'Inde sont de véritables chevaux appartenant au genre *Equus*, et non des équidés à trois doigts comme les hipparions et les hippothérions.

On voit donc que M. Sanson serait allé au delà de la véritable époque attribuable à la naissance de ses chevaux dans la première supposition, mais qu'il serait resté en deçà dans la seconde ; de sorte qu'il s'est évidemment trompé, quelle que soit l'acception que l'on veuille donner à son mot chevaux. Et ce qui me donne la conviction qu'il attribue déjà ici une date trop récente à l'apparition du genre *Equus* sur le globe, c'est que depuis, en 1872, il a dit positivement, à la page 15 de ses *Migrations des animaux domestiques* : « Le genre *Equus* appartient à la faune des terrains tertiaires supérieurs, etc. » Ce n'est pas que je prétende que M. Sanson ignore aucun des faits que je viens de signaler ; je suis, au contraire, persuadé qu'il les connaît aussi bien que je connais la robe des hémiones ; je crois seulement qu'il a commis un lapsus analogue au mien en voulant comme moi renfermer dans une courte phrase une idée assez complexe, et je me fais un devoir et un plaisir de le reconnaître.

J'ai cependant voulu relever cette erreur, parce que je ne crois pas qu'à l'origine des choses il y ait eu sur la terre, comme l'écrivait ce bon Bernardin de Saint-Pierre, des vieillesses d'un jour et des décrépitudes d'un matin, notamment des arbres créés tout pourris afin de nourrir les insectes qui vivent de bois mort. Appartenant, par conséquent, à une école qui tient compte et qui a besoin de tenir compte du temps, je proteste toujours chaque fois que l'on cherche à rapprocher de nous des dates géologiques ou historiques dont l'antiquité me paraît bien prouvée. Or, placer la naissance des chevaux à la fin de l'époque tertiaire, comme l'a fait M. Sanson, au lieu de la placer dans la période tertiaire moyenne, suivant l'indication de découvertes paléontologiques déjà anciennes, c'est évidemment retrancher plusieurs centaines de mille ans et probablement plusieurs millions d'années à la durée bien constatée de l'existence de ces animaux (1).

Pendant que je suis à relever des erreurs, je demande la permission d'en signaler trois autres qui me sont personnelles et sur lesquelles M. Sanson ne s'est pas arrêté.

Aux pages 19-21 de mon livre, j'ai rapporté, d'après M. Charles Martins, les détails d'une exploration de la caverne de Kent, près de Torquay (Devonshire), dont le sous-sol infra-stalagmitique contenait des os de cheval et d'hyène des cavernes, associés à des couteaux en silex taillé et à des instruments, en os, harpons et autres : preuve indéniable de la contemporanéité de l'homme et du cheval à cette date reculée que M. Ch. Martins porte à 364,000 ans d'après un calcul de M. Vivian. J'ai vérifié ce calcul que j'ai trouvé juste la première fois que je l'ai lu dans l'article de M. Ch. Martins, aux pages 223-224 de la *Revue des Deux-Mondes* du 1er janvier 1868 ; mais, peu de temps après la publication de mon livre, je refis ce calcul et je ne trouvai plus que 36,400 ans. Le caractère géologique du gisement et la présence de l'hyène des cavernes me laissèrent néanmoins intimement convaincu que le chiffre 364,000 ans est le vrai, et que, le produit étant exact, l'erreur ne peut exister que dans l'un des facteurs. J'écrivis dans ce sens à M. Ch. Martins, qui me répondit : « Vous avez parfaitement raison ; je m'en étais déjà aperçu ; il faut, au lieu de 2mm 5 par siècle, 2mm.5 par *mille* ans. Je suis fâché que cette erreur se reproduise dans votre livre ; c'est de ma faute et de la nécessité où j'étais de convertir des mesures anglaises en mesures françaises. » (Extrait de la lettre de M. Ch. Martins, datée de Montpellier, 25 mars 1870.) C'est donc une erreur à rectifier aussi bien dans la *Revue des Deux-Mondes* qu'à la ligne 3 de la page 21 de mon livre ; mais cela ne change rien à l'antiquité de la date que j'ai rapportée et qui reste vraie.

Le second lapsus dont j'ai à m'accuser est celui-ci : Ayant mal interprété un passage de M. Stanislas Julien, j'ai attribué, à la page 156 de mon livre, une date beaucoup trop reculée à la plus ancienne *mention connue* de la poudre à canon chez les Chinois. Cette première mention connue ne remonte, en réalité, qu'à quatre cents ans avant notre ère, quoique les Chinois paraissent s'en être servis longtemps auparavant. Ceci ne change, du reste, rien aux considérations que j'ai exposées sur l'histoire du cheval en Chine, ni aux

(1) Sur la durée des diverses périodes géologiques, consulter : *Principes de géologie*, par Sir Charles Lyell, traduit, sur la dernière édition anglaise, par M. J. Ginestou ; 2 vol. in-8° ; Paris, 1873 ; chez Garnier frères, rue des Saints-Pères, 6 ; t. 1er, p. 304-305 et *passim*.

preuves de l'antiquité de la civilisation dans ce pays, antiquité sur laquelle ne permet de conserver aucun doute un passage que j'ai rapporté et dans lequel Laplace montre à quel degré de perfection les connaissances astronomiques étaient parvenues sous le règne de Yao, 2,350 ans avant notre ère.

Je dois dire que j'ai déjà rectifié ce dernier lapsus dans un Mémoire sur l'*Origine des Chinois et l'introduction du cheval en Chine*, que j'ai publié dans la *Revue de linguistique et de philologie comparée*, tome V, IV⁰ fascicule, avril 1873, pp. 349-388. J'ajouterai que, par une nouvelle étude du Chou-King et des temps antérieurs à ceux dont parle ce livre, par la discussion de certaines données philologiques, enfin par une appréciation exacte des nouvelles explorations topographiques dont l'Asie a été l'objet dans ces dernières années, je crois être arrivé, dans ce Mémoire, à la démonstration irréfragable des propositions suivantes : — Les Chinois occupaient, à l'origine, les contrées de l'Asie centrale situées au nord de la chaîne du Bogda-Oola, ou partie orientale des Monts-Célestes ; c'est-à-dire qu'ils habitaient primitivement la région du grand Altaï ou Altaï méridional et les contrées adjacentes à cette prétendue chaîne de montagnes qui n'existe en réalité que sur nos cartes. C'est pendant leur séjour dans ce pays que les Chinois acquirent les premiers rudiments de leur civilisation, et c'est là qu'ils adoptèrent l'usage du cheval dès une époque qui ne peut être postérieure à l'an 3468 avant notre ère, et qui paraît même être de beaucoup antérieure à cette date. Enfin, la Chine était originairement dépourvue de chevaux, et ce sont les Chinois qui les introduisirent dans cette contrée quand ils vinrent s'y établir, au plus tard vers l'an 3225 avant Jésus-Christ. — La lecture de ce Mémoire pourrait donc présenter quelque intérêt, même aux personnes qui ont lu mon livre ; car, lors de la rédaction de ce dernier, je m'étais contenté de montrer que le cheval, d'abord étranger à la Chine, y fut introduit du dehors, vraisemblablement de l'Asie centrale, ce qui est resté vrai. Mais je ne possédais pas encore tous les documents qui m'ont permis depuis de donner des renseignements précis sur l'origine des Chinois et sur les premiers âges de l'histoire du cheval chez ce peuple.

Je ferai, de plus, observer qu'en signalant, dans mon quatrième chapitre, les époques où l'âne semble avoir été introduit chez les différents peuples, j'ai cité, à la page 174 de mon livre, cette phrase de M. Paul Gervais : « Strabon nous apprend qu'il n'y en avait ni chez les Bretons, ni sur le littoral de la Baltique. » N'ayant à ma disposition aucun exemplaire de Strabon dans la localité où j'ai rédigé ce passage, j'avais cru pouvoir m'en rapporter provisoirement à M. Paul Gervais. Comme je n'ai pensé à vérifier l'exactitude du fait en question qu'après l'impression de mon livre, c'est une troisième faute que j'ai à me reprocher. Car il n'existe rien de semblable dans Strabon, qui ne connaissait même point la Baltique, puisqu'il déclare. liv. VI, chap. II,

§ 4, que toute la contrée au delà de l'Elbe qui avoisine l'Océan lui est complétement inconnue (1).

Du reste, le seul passage où Strabon parle de l'absence de l'âne dans les régions froides, c'est au livre VII, ch. III, § 18, où il s'agit de la Crimée et des rivages nord-ouest de la mer Noire.

L'histoire sommaire de l'âne, que j'ai présentée dans mon ouvrage, n'en est pas moins exacte. Les faits que j'ai cités prouvent que l'âne a vraiment été utilisé dès les temps les plus reculés dans les régions méridionales, en Égypte, dans le sud-ouest de l'Asie et dans le nord de l'Afrique. Son arrivée tardive dans le nord est rendue incontestable par les passages d'Hérodote que j'ai rapportés dans mon livre; ce qui est confirmé par le passage précité de Strabon et par le dire d'Aristote, dans son traité de *La génération des animaux*, liv. II, chap. VIII. Toutes mes considérations historiques sont d'ailleurs en parfait accord avec celles qui sont tirées de la zoologie, et qui indiquent également l'origine méridionale des deux seules races asines qui existent à l'état domestique.

On sait en effet, aujourd'hui, que les régions nilotiques sont le berceau de la race asine la plus petite, mais la plus répandue. Quant à la forte race asine dont font partie nos ânes du Poitou, son centre d'apparition est le centre hispanique, d'après les recherches que M. Sanson a entreprises pour élucider cette question. On conçoit donc que nos deux races asines aient été long-temps absentes du pays occupé par « les Celtes qui habitent au nord de l'Espagne, » comme on peut l'inférer du passage d'Aristote auquel il vient d'être fait allusion; et qu'elles ne paraissent avoir été introduites dans les Gaules qu'après la conquête romaine : ce qui expliquerait pourquoi la plus ancienne mention véritablement positive de la présence de *l'âne* dans ce pays est l'éloge que Claudien a fait des *mules* de la vallée du Rhône dans sa première épigramme, vers la fin du IV siècle de notre ère ; car, à l'exception de M. Roget de Belloguet (*Génie Gaulois*, page 464), je crois que tout le monde a vu des mules de Galatie, et non des mules des Gaules, dans celles que Plutarque a mentionnées au 1er siècle de notre ère, dans son traité *De l'avarice et de l'amour des richesses*.

En outre, à la page 480 de mon livre, en rappelant les documents que j'ai cités aux pages 185 et suivantes, pour montrer l'antiquité de l'existence du mulet en Orient, j'ai signalé parmi eux celui de Diodore, relatif à Sémiramis, femme de Ninus, qui se servait déjà de mulets. Ce passage de Diodore a été oublié dans l'impression de mon livre; mais on peut le lire au livre II, chapitre XI de cet auteur; et le fait qu'il rapporte ne peut d'ailleurs paraître

---

(1) Voyez Strabon, l'édition grecque-latine publiée par Ambroise-Firmin Didot, ou la nouvelle traduction française de M. Amédée Tardieu, actuellement en cours de publication à la librairie Hachette.

surprenant, si l'on considère que, malgré la pénurie des renseignements fournis jusqu'ici par les textes cunéiformes du dialecte assyrien sur les temps vraiment anciens, ils constatent néanmoins la présence, jusque dans le pays Naïri, vers les sources du Tigre et de l'Euphrate, du mulet dès le règne de Samas-Hou au IXe siècle, et de l'âne sous Téglaphalasar Ier, au XIIIe siècle avant Jésus-Christ, ainsi qu'on peut s'en assurer dans ceux des textes relatifs à ces rois qui ont été traduits par M. Oppert dans son *Histoire de Chaldée et d'Assyrie*, et dans le premier volume de son *Expédition scientifique en Mésopotamie*.

Enfin, puisque le présent article est, avec mon *Mémoire sur l'origine des Chinois et l'introduction du cheval en Chine*, un complément de [mon livre, je rappellerai aussi qu'aux pages 438-440, j'ai cité deux passages de MM. Hoefer et Munk, relatifs à la déesse Astarté, pour montrer l'antiquité des rapports des Sémites de la Palestine et de l'Assyrie avec les populations aryennes. Mais je n'ai pas assez insisté sur l'identité de cette déesse lunaire avec l'*Ischuari* des Indous ; ni surtout sur l'origine incontestablement aryenne des noms cananéens d'Astarté, *Aschérah*, *Aschéroth*, *Astaroth*, en syriaque *Astar*, et en assyrien *Istar* : origine aryenne que Munk a donnée seulement comme probable, et qui est depuis longtemps démontrée par la philologie. Tous ces mots sont bien en effet des dérivés de la racine aryenne *star*, étendre, disperser, que l'on retrouve avec le sens d'astre, d'étoile, dans la plupart des langues indo-européennes, ainsi qu'on peut s'en assurer au mot ASTRE du *Dictionnaire de la langue française*, de Littré, et dans les *Origines indo-européennes* de Pictet, tome Ier, page 482, et tome II, pages 209-210.

On a, du reste, acquis, depuis la publication de mon livre, une nouvelle preuve de l'antiquité de l'existence, en Assyrie, du culte de cette déesse d'origine aryenne, et par conséquent de l'antiquité des relations des Sémites avec les Aryens. Car d'anciennes tablettes couvertes d'écritures cunéiformes, trouvées à Ninive et dont le texte original paraît avoir appartenu à la ville d'Erech, viennent d'être traduites par M. George Smith, du *British Museum*. Or, ce texte original nous reporte à Izdubar, monarque qui vivait immédiatement après le déluge chaldéen. *Sisit* lui-même (le Xisuthrus des auteurs grecs) y raconte ce déluge, et il fait déjà mention dans son récit de la grande déesse *Istar*, ainsi que des dieux Nébo, Anu, Ninip et Bel, comme on peut le voir dans la traduction française qu'en a donnée le *Journal officiel de la République française* du lundi 9 décembre 1872.

§ II. — PHÉNOMÈNES GÉOLOGIQUES ET CLIMATOLOGIQUES ANCIENS.
RACES CHEVALINES DISPARUES.

Après ces éclaircissements, je reviens à l'article analytique de M. Sanson qui, à propos de mon histoire du cheval en Égypte, prétend que le cheval n'a jamais cessé d'exister en Amérique, et qu'aucune race de chevaux n'a jamais disparu, ni là ni ailleurs.

« Le fait de l'absence du cheval dans l'Amérique méridionale avant l'arrivée des Espagnols n'a jamais été examiné sérieusement, » dit-il d'abord à sa page 221. L'absence du cheval dans l'Amérique septentrionale avant l'arrivée des Espagnols n'est donc pas mise en doute par M. Sanson ; et il doit dès lors paraître singulier que, d'après son opinion, le cheval ait disparu précisément dans la seule partie du continent américain où l'on ait rencontré des débris quaternaires de l'*equus caballus*, car jusqu'ici c'est seulement dans l'Amérique du Nord qu'on en a trouvé ; tandis que ce cheval se serait, au contraire, conservé dans l'Amérique méridionale où l'on n'a point encore rencontré ses débris quaternaires, car tous les ossements de chevaux quaternaires qu'on y a recueillis appartiennent à des espèces équines bien distinctes de l'*equus caballus*. Il est vrai qu'on pourrait, à toute rigueur, objecter que la race chevaline quaternaire de l'Amérique du Nord a pu émigrer tout entière dans l'Amérique du Sud, pendant l'une des phases de la période quaternaire, ou postérieurement à cette époque ; mais, si le fait est possible, il est extrêmement peu probable, et nous reviendrons plus loin sur cette question.

Quoique M. Sanson avoue, dans la même page 221, que : « L'histoire prouve qu'au moment de la conquête le cheval était inconnu comme animal domestique aux populations américaines conquises, » il ne craint pas d'ajouter, à la page suivante :

« Je suis convaincu, pour ma part, qu'une étude véritablement scientifique des chevaux des Pampas, dont les populations autochthones se montrent trop instinctivement habiles à les manier pour avoir reçu d'ailleurs l'art de l'équitation, y fera découvrir des types spécifiques n'appartenant à aucune partie du globe, en même temps que ceux introduits par les Espagnols. »

Ce sont là de faibles arguments. M. Sanson prétend que l'on découvrira dans les Pampas, c'est-à-dire dans l'Amérique du Sud, des types spécifiques de chevaux appartenant en propre à l'Amérique ; c'est, toutefois, ce que l'on n'a pas encore découvert, quoique des personnes compétentes se soient sérieusement occupées de la question ; en tous cas, chez les esprits positifs comme M. Sanson, les conclusions ne viennent habituellement qu'après les faits, et il eût été prudent de conserver cette réserve dans le cas présent. Quant à l'habileté que les populations des Pampas ont montrée tout d'abord dans l'art de l'équitation, elle prouve seulement une fois de plus que tous les peuples sauvages ou à demi civilisés sont extrêmement adroits dans tous les exercices du corps, par la raison toute simple qu'aucun individu privé de cette aptitude n'a aucune espèce de chances de parvenir chez eux jusqu'à l'âge adulte : fait que M. Sanson connaît parfaitement et qu'il aurait dû prendre en sérieuse considération. Ce qui achève, d'ailleurs, de montrer toute la faiblesse de son argument, c'est que les populations américaines qu'il reconnaît lui-même avoir été privées de l'usage du cheval avant l'arrivée des Européens, c'est-à-dire les Péruviens, les Mexicains et les sauvages de l'Amérique septentrionale, se sont montrés tout d'abord aussi instinctivement habiles à manier les chevaux que les sauvages des Pampas. On sait, en outre, que les populations littorales les premières conquises par les Espagnols, et notamment les Péruviens, jouissaient déjà d'un assez haut degré de civilisation ; de sorte que, suivant la manière de voir de M. Sanson, le peuple péruvien déjà civilisé aurait vécu dépourvu de l'usage du cheval, quoique entouré de peuplades sauvages se servant déjà de cet animal. Si l'histoire disait cela, on pourrait et on devrait l'admettre comme un fait singulier ; mais l'histoire dit une chose beaucoup moins étrange, c'est qu'il n'y avait pas de chevaux dans le continent américain lors de sa découverte ; elle ajoute même qu'il n'y avait pas non plus d'ânes, ni de bœufs, ni de chèvres, ni de moutons ; et elle sera crue, quoi que puisse en penser M. Sanson, car elle a été plus sérieusement examinée qu'il ne l'affirme : ce que je me suis contenté de signaler dans mon livre comme je le fais ici, parce qu'il faudrait composer un long mémoire pour exposer complétement cette question d'histoire moderne, j'allais dire contemporaine.

La seule autre raison que M. Sanson ait invoquée à l'appui de sa croyance à la persistance des chevaux en Amérique, c'est celle-ci de la page 221 :

« Tant que des ossements fossiles de cheval n'avaient pas été rencontrés sur le continent américain, on pouvait encore admettre comme possible la conclusion qui a été tirée du fait constaté chez les Mexicains et autres peuplades du littoral conquis par Fernand Cortez et ses compagnons. Mais depuis la découverte, déjà ancienne, de ces ossements, le moyen, sans fouler aux pieds les enseignements de la science, de s'y ranger, à moins de faire de la zoologie superficielle ? Est-ce qu'il y a la moindre raison plausible pour que les espèces chevalines américaines de la faune quaternaire se soient éteintes, tandis que celles de l'Asie, de l'Europe et de l'Afrique ont persisté ? Est-ce que les phénomènes zoologiques et climatériques n'ont pas été absolument identiques dans les Deux-Mondes ? »

C'est ici le cas de rappeler ce qui a été dit plus haut, que M. Sanson désigne sous le nom d'*espèces chevalines* les diverses *races chevalines* dont l'ensemble constitue ce que les naturalistes appellent l'espèce *Equus caballus*. Il affirme donc uniquement dans ce passage que, depuis le commencement de l'époque quaternaire jusqu'à nos jours, il n'a disparu aucune des races qui peuvent être rattachées à l'espèce *Equus caballus* des naturalistes. Il ne prétend donc nullement ici que, pendant ce laps de temps, il n'a disparu aucune des *espèces équines* des naturalistes, c'est-à-dire des espèces qui constituent ou plutôt ont constitué leur genre *Equus*. Car il admet parfaitement, comme tout le monde, que certaines espèces se sont éteintes, aussi bien dans le genre *Equus* que dans les autres genres zoologiques : fait qui n'est plus nié par personne depuis qu'il a été mis en lumière par les travaux de Pallas, de Lamarck, de Cuvier et des paléontologistes plus récents. Il est vrai que certains naturalistes prétendent que toutes ces espèces disparues se sont éteintes par la mort, tandis que d'autres admettent qu'un certain nombre au moins de ces espèces se sont transformées en celles de nos espèces actuelles qui ne remontent pas au delà des derniers grands phénomèmes géologiques et climatologiques dont notre globe a été témoin ; mais c'est le seul point sur lequel il y ait dissidence d'opinion, et, je le répète, tout le monde est d'accord sur la disparition de ces espèces.

Cela étant bien entendu, je vais rappeler quels ont été ces phénomènes géologiques et climatologiques, quelle a été leur durée, et quel genre d'influence ils ont exercée sur la population animale du globe, afin que l'on puisse juger si M. Sanson était autorisé à m'accuser d'avoir fait de la zoologie superficielle en admettant la possibilité et même le fait de l'extinction de certaines races chevalines. J'avais cru devoir me borner, dans mon livre, à faire allusion à ces phénomènes et à leurs conséquences ; et comme certains lecteurs ont regretté cette lacune, c'est une raison de plus pour que je m'empresse de la combler le plus rapidement possible, avant d'aborder la question des races chevalines disparues.

Depuis que notre globe est revêtu d'une écorce solide, assez résistante pour n'être plus fracturée par les forces internes de la planète et pour n'être plus réduite en énormes fragments nageant sur un océan de matières en fusion, comme des glaçons flottant sur nos fleuves pendant les hivers rigoureux, cette écorce terrestre a toujours éprouvé, sous l'influence des mêmes forces internes, des ondulations, des plissements analogues aux rides qu'on observe sur un ballon dont l'enveloppe frémit dans l'atmosphère au milieu de laquelle il est lancé. Ces mouvements de l'écorce terrestre se continuent encore de nos jours ; ils sont en train, s'ils persistent dans le même sens, d'engloutir la Hollande, de donner à la péninsule Scandinave un relief plus considérable, et peut-être de rétablir, entre la Sibérie orientale et l'Amérique du Nord, l'isthme qui existait autrefois. Ces oscillations de l'écorce terrestre ont d'ailleurs une étendue, une amplitude et une durée proportionnelles à la masse considérable et à la longue existence du globe. C'est par leur action que la mer a tant de fois couvert chacun des points de la terre, et qu'elle a pu y former les divers terrains stratifiés, d'origine marine ou neptunienne, qui recèlent dans leur sein des débris organiques fossiles des divers âges de la planète ; pendant que, sur les parties émergées, des dépôts d'autre nature, également fossilifères, se formaient sous l'action des eaux lacustres et fluviatiles, et sous l'action des divers agents atmosphériques. Ce sont ces divers terrains stratifiés fossilifères (et je n'ai point à m'occuper des autres) qui constituent les archives des âges de la terre depuis que la vie existe à sa surface. Or, non-seulement, d'après les calculs de sir Charles Lyell, « on arrive à un total de 240,000,000 pour la série entière d'années qui se serait écoulée depuis le commencement de la période cambrienne; » mais au-dessous des terrains cambriens repose le terrain laurentien, qui a une épaisseur de 10 kilomètres, et à la partie inférieure duquel on a découvert, dans ces dernières années, un foraminifère du nom d'*Eozon canadense* : ce qui suffit pour donner une idée de l'antiquité de l'existence de la vie animale sur notre planète.

Pendant les premières phases de la vie organique sur la terre, une température beaucoup plus élevée que celle de nos climats actuels était à peu près également répartie sur toute la surface du globe, depuis l'équateur jusqu'aux pôles. Malgré la diminution graduelle de cette température, nos régions moyennes jouissaient encore d'un climat tropical pendant l'âge tertiaire pliocène, et à la même époque, nos contrées les plus septentrionales, aujourd'hui couvertes de glaces, étaient encore couvertes de forêts analogues à celles de l'Europe centrale actuelle. C'est, du reste, pendant les diverses périodes de l'âge tertiaire qu'on voit apparaître à la surface de la terre les divers mammifères placentaires dont la plupart sont encore représentés, sinon comme espèces, au moins comme genres zoologiques, dans notre faune actuelle dont ils occupent le sommet. Enfin, le commencement de la période quaternaire a vu naître la majeure partie des espèces mammifères qui existent encore aujourd'hui, et quelques autres qui ont déjà disparu depuis cette époque.

Du reste, pendant les premières phases de l'époque quaternaire, le sol de l'Europe a été le théâtre d'un double mouvement de bascule, semblable à tous ceux qui avaient antérieurement porté la mer sur les anciens continents et émergé les nouveaux terrains de sédiments déposés au fond de l'Océan, pour en former de nouveaux continents. L'Angleterre, qui était auparavant unie au continent européen et dont les côtes étaient élevées en moyenne de 150 mètres au-dessus de leur niveau actuel, a eu le temps pendant ces premières phases quaternaires, de s'abaisser de 450 mètres en moyenne au-dessous de ce niveau actuel, puis de se relever assez pour se réunir de nouveau à l'Europe, enfin de redescendre au point où nous la voyons aujourd'hui, et cela avec la lenteur qui préside actuellement à l'engloutissement de la Hollande et à l'émergement des côtes de la Norwége. Notre hémisphère a été témoin de deux longues périodes de froid relatif, séparées par une longue période de température plus élevée, pendant l'énorme laps de temps qui a été nécessaire pour l'exécution de ces derniers grands mouvements oscillatoires de l'écorce terrestre : ce sont ces longues phases, embrassant une partie de la première période de l'époque quaternaire, qu'on appelle généralement et

que nous continuerons d'appeler la *période glaciaire*, puisque nous n'avons
pas à entrer dans les détails de ces phénomènes géologiques qui, en réalité,
n'en constituent pas moins deux périodes glaciaires. Comme ces phénomènes
ont duré des milliers de siècles, on conçoit déjà que ce n'est pas le temps
qui manque pour l'explication plausible de l'extinction de quelques espèces
et de quelques races animales durant l'époque quaternaire.

Pendant la période glaciaire, les États Barbaresques, depuis le Maroc jusqu'à la Tunisie inclusivement, ne formaient qu'une étroite presqu'île largement unie à l'Espagne par l'isthme de Gibraltar, et complétement séparée de
tout le reste de l'Afrique par une vaste mer saharienne, de 1,200 lieues de
long sur 400 à 500 lieues de large, qui communiquait largement, d'une part
avec l'océan Atlantique, au sud de Mogador, et d'autre part avec la Méditerranée, à l'est de Tunis. Les sommets de l'Atlas étaient couverts de glaciers,
et les nombreux lacs salés, ou plutôt les nombreux déserts salés, qui cou-
vrent aujourd'hui une partie de ces contrées, étaient de grandes caspiennes
salées. Ce n'est qu'assez tard dans la période quaternaire que des mouvements du sol et des changements survenus dans le climat de ces régions ont
déterminé la formation du détroit de Gibraltar et du grand désert saharien ;
ce qui explique bien pourquoi, même de nos jours, les États Barbaresques
sont encore presque complétement européens, et non africains, sous le double
rapport de leur faune et de leur flore.

Cette ancienne jonction du nord de l'Afrique à l'Espagne avait déjà été ad-
mise par Strabon, par Pline et par Pomponius Mela ; elle a été soutenue en
1655 par le médecin français Borel, et elle a été complétement démontrée
par les travaux des géologues et des paléontologistes modernes, notamment
par ceux de M. Édouard Lartet. Quant à l'isolement des États Barbaresques
du reste de l'Afrique par la vaste mer saharienne pendant une grande partie
de l'époque quaternaire et même antérieurement pendant toute la période
tertiaire, il a également été mis hors de doute par une foule de géologues,
notamment par sir Charles Lyell, par M. Louis Lartet, et par les beaux travaux géologiques et conchyologiques de M. Bourguignat.

Nos contrées ont été le théâtre de phénomènes zoologiques également importants durant la période glaciaire. L'océan Glacial du Nord avait envahi
toute la partie septentrionale et centrale de l'Europe depuis l'Oural jusqu'à
la Baltique, et ses flots charriaient jusqu'au sud de Berlin, de Breslau, de
Varsovie, de Smolensk et de Moscou, des montagnes de glace qui, en fondant, laissaient tomber au fond de cette mer des blocs erratiques arrachés à
la partie septentrionale de l'île Scandinave, et qu'on retrouve aujourd'hui
dans toute l'Europe centrale. Le lac d'Aral était réuni à la mer Caspienne,
qui communiquait avec la mer Noire, jointe elle-même à la mer glaciaire eu-

ropéenne. Les montagnes de l'île Scandinave, des îles Britanniques, de la France centrale, ainsi que les chaînes des Balkans et des Carpathes, les Alpes, les Pyrénées et les Sierras espagnoles, étaient couvertes d'immenses glaciers qui polissaient et rayaient les roches moutonnées en place, et qui transportaient jusqu'à leurs limites inférieures des blocs de pierre dont ils formaient des moraines jetées transversalement à l'entrée des gorges de ces montagnes. De grands cours d'eaux torrentiels d'eau douce, alimentés par ces glaciers, déposaient dans toutes nos vallées des dépôts improprement appelés *diluvium*.

Enfin, tout ce qui restait de surfaces émergées dans la Barbarie et dans l'Europe méridionale et occidentale était alors transformé en une espèce de grand archipel dont les différentes parties ou presqu'îles étaient réunies par quelques isthmes comme celui de Gibraltar, et possédaient tous les avantages climatologiques dont jouissent les régions maritimes sous des latitudes moyennes.

C'est donc bien à tort que certains auteurs ont fait une peinture effrayante du climat de la période glaciaire, et qu'ils l'ont représenté comme ayant anéanti, congelé tous les êtres vivants dans toutes les contrées où il s'est fait ressentir. Car, dit M. Édouard Lartet : « Pour expliquer que le renne et le bœuf musqué aient pu vivre dans l'Europe des temps glaciaires ou quaternaires, côte à côte avec l'hippopotame et des rhinocéros précédemment contemporains des singes pliocènes, on est conduit à rabattre beaucoup des prétendues rigueurs de l'époque glaciaire, dont le climat était probablement marqué par des écarts bien moins extrêmes que ceux du climat actuel de nos temps modernes. En un mot, il fallait des étés moins chauds pour le renne et le bœuf musqué ; et, d'autre part, des hivers moins rigoureux pour l'hippopotame et d'autres espèces dont les analogues sont aujourd'hui retirées vers les régions tropicales. De telles conditions de température ne sont nullement incompatibles avec la grande extension attribuée aux glaciers quaternaires. On en trouve aujourd'hui la réalisation sur quelques points du globe, particulièrement dans les latitudes moyennes. Ainsi, au Chili, d'après M. Darwin, on voit, par une latitude de 33° sud, les glaciers des Andes descendre jusqu'au rivage de la mer, en face de l'île Chiloé. Dans l'île du sud de la Nouvelle-Zélande, où les neiges perpétuelles se maintiennent à une altitude qui dépasse à peine 2,000 mètres, les glaciers ne s'arrêtent qu'à quelques centaines de mètres de la côte, et les savants attachés à l'expédition de la *Novara* ont pu y constater qu'à proximité de ces glaciers il existe une végétation forestière à physionomie tropicale : les palmiers, les fougères arborescentes y abondent. Il est dit, dans l'*Almanach de Chapman* pour 1867 (*Chapman's New-Zealand Almanach*, 1867, p. 57), que, dans certaines parties de cette île, la température est si uniforme qu'on y distingue à peine la saison de l'hiver de celle de l'été (1).

Du reste, ce qui prouve bien que le climat constant et tempéré de notre période glaciaire était produit par la distribution géographique des terres et des mers, par l'absence des vents brûlants qui nous viennent du Sahara aujourd'hui desséché, et par l'absence des vents glacials qui nous arrivent en hiver des contrées septentrionales de l'Europe autrefois couvertes d'eau, beaucoup plus que par les influences cosmiques, c'est qu'à l'époque où les hommes de la période glaciaire chassaient et mangeaient dans toute l'Europe occidentale le mammouth, le rhinocéros, le cheval et autres grands mammifères, les deux tiers de la Sibérie aujourd'hui glacés étaient couverts d'immenses forêts dont il ne reste plus nul vestige vivant, et qui nourrissaient également de nombreux troupeaux des mêmes espèces animales, ainsi que l'ont démontré les auteurs de la *Géologie de la Russie*.

Ce qui prouve, en outre, que l'envahissement de l'Europe septentrionale et centrale par la mer glaciaire était véritablement dû à un affaissement du sol de ces contrées, et non à un déplacement du centre de gravité de la terre par l'accumulation des glaces au pôle nord, comme le prétendent certains partisans exclusifs de la théorie d'Adhémar, c'est que, malgré le peu de relief des régions septentrionales de la Sibérie, l'Océan ne s'y est que fort peu avancé pendant la période glaciaire. Les mers glaciaires ont d'ailleurs laissé sur divers points du globe des vestiges de leurs anciens rivages, dont le défaut d'horizontalité dénote avec la dernière évidence les oscillations du sol dont la terre a été le théâtre pendant et depuis la période quaternaire, tout ainsi sûrement que la stratification discordante de certains terrains des époques antérieures démontre les oscillations de l'écorce terrestre pendant tous les âges qui ont suivi sa consolidation.

Quelle que soit, d'ailleurs, la façon dont on veuille expliquer la distribution particulière des mers pendant la période glaciaire, il n'en est pas moins certain qu'elle a donné à la Sibérie un climat beaucoup moins rigoureux que celui dont elle souffre actuellement, et aux régions du sud-ouest de l'Europe, ainsi qu'aux États Barbaresques, un climat doux et humide, exempt des grands écarts qui existent aujourd'hui entre nos hivers et nos étés, enfin extrêmement favorable à la végétation et à certaines espèces animales. L'humidité du climat de nos contrées méridionales a même persisté assez longtemps après la retraite de la mer glaciaire et la fonte des glaciers ; car l'étude de la flore, de la faune et notamment de la conchyologie de l'âge du renne, a prouvé que beaucoup de nos provinces méridionales, entre autres la Pro-

---

(1) *Note sur deux têtes de carnassiers*, etc., par Édouard Lartet, dans les *Annales des sciences naturelles*, 5e série, t. VIII, 1867, p. 157-194.

vence, avaient encore alors un climat doux et humide avec de nombreuses eaux jaillissantes.

Quant à la vallée du Nil, M. Louis Lartet a montré que ce fleuve n'a pas été exempt du régime torrentiel qui a été celui de tant de cours d'eau pendant la période glaciaire, et qu'il a déposé un diluvium qui doit être contemporain de celui de la vallée de la Somme, non-seulement en Égypte et en Nubie, mais jusqu'aux confins de l'Abyssinie, sur le Nil Bleu et sur ses affluents aujourd'hui desséchés. Au nord d'Assouan (Syène), à l'endroit où la vallée s'élargit, les eaux du Nil s'élevaient à cette époque de 20 à 30 pieds au-dessus des plus hautes crues actuelles. Arrivées à la pointe du Delta, ces eaux torrentielles formaient un estuaire fluvio-marin en se mêlant avec les eaux méditerranéennes qui prédominaient encore vers sa base, où elles ont formé des calcaires marins quaternaires sur tous les rivages égyptiens actuels de la Méditerranée. Ces calcaires quaternaires ont été émergés depuis ; ils sont encore, de nos jours, à l'abri des inondations du Nil et de ses dépôts limoneux ; mais ils subissent l'action érosive de la mer depuis les temps historiques. En outre, depuis Assouan jusqu'à Dehr, capitale actuelle de la Nubie, et dans les pays environnants, les eaux du Nil s'élevaient pendant la période glaciaire à 100, 120 et 130 pieds au-dessus des plus hautes crues actuelles ; et si l'on considère que de nos jours le Nil, amoindri comme il l'est, couvre encore de son inondation actuelle une partie de la province de Dongolah, on jugera ce que devaient être la Nubie et l'Abyssinie à cette époque (1).

Enfin, les deux Amériques ont été le théâtre de phénomènes glaciaires semblables à ceux de l'Ancien Continent pendant l'époque quaternaire.

Notre globe a donc vu se succéder des phénomènes géologiques et climatologiques de la plus haute importance durant l'époque quaternaire ; la mer et les glaciers ont deux fois envahi et deux fois abandonné de très-vastes territoires, aussi bien dans l'Ancien que dans le Nouveau Continent ; enfin, deux longues périodes de froid relatif et d'humidité ont succédé à deux longues périodes de température relativement sèche et élevée, et elles ont en dernier lieu été suivies du climat à saisons si variables de l'époque géologique actuelle. Il en est forcément résulté, dans le cours des siècles, de grandes migrations, parfaitement prouvées, de certaines espèces mammifères terrestres ; et l'extrême lenteur avec laquelle se passaient les phénomènes géologiques et climatologiques permettait d'ailleurs, même aux espèces les plus lentes, de se déplacer peu à peu pour chercher ailleurs des conditions d'existence appropriées à leur constitution, à mesure que le mouvement des mers ou des chan-

---

(1) Voyez, sur cette question, Louis Lartet, *Essai sur la géologie de la Palestine et des contrées environnantes, telles que l'Égypte et l'Arabie* ; 1 vol. in-4°; p. 224-232 ; Paris, 1869 ; chez V. Masson.

gements de climat leur rendaient la vie impossible dans leurs anciennes patries. Aussi n'y a-t-il eu alors ni grand cataclysme, ni destruction générale et subite des êtres organisés, comme le croyait l'ancienne géologie, influencée en cela par les récits légendaires des anciens livres religieux de certains peuples de l'antiquité (1).

Néanmoins, soit, d'une part, que certaines espèces animales aient eu moins que d'autres l'instinct de se chercher une nouvelle patrie plus ou moins bien appropriée à leur constitution, ou, en d'autres termes, soit, d'une part, que pendant les diverses phases quaternaires et modernes ces espèces se soient laissé enfermer dans des régions dont le climat leur était devenu mortel, et dans lesquelles elles peuvent avoir été emprisonnées par des glaciers, par des bras de mer, par d'arides chaînes de montagnes récemment abandonnées par les glaciers, ou par des déserts nouvellement délaissés par la mer ; soit, d'autre part, et c'est ce qui est sans doute arrivé le plus souvent, que la constitution de certaines espèces n'ait pu se plier aux nouvelles conditions d'existence qui étaient pour elles la conséquence fatale des influences climatériques si opposées qui se sont fait ressentir sur toute la terre, ou tout au moins sur la plus grande partie de sa surface, à tant de reprises et pendant tant de siècles, depuis le commencement de l'époque quaternaire jusqu'à nos jours ; il n'en est pas moins certain, comme je l'ai dit plus haut, qu'un grand nombre de ces espèces, aussi bien dans le genre *Equus* que dans les autres genres zoologiques, ont peu à peu diminué de nombre, et finalement se sont éteintes, durant ces longues et dernières périodes de l'existence du globe ; mais elles ont disparu lentement et successivement, à des dizaines, et même à des centaines de siècles les unes des autres ; l'étude de la paléontologie ne laisse aucune espèce de doute à cet égard. Il est, en effet, incontestable que certaines espèces zoologiques, telles que l'ours des cavernes, se sont éteintes pendant la période glaciaire ou immédiatement après ; que d'autres espèces, telles que le cerf gigantesque ou grand cerf d'Irlande, ont cessé d'exister à des époques géologiques bien plus récentes ; que d'autres encore, telles que le dronte ou dodo des Iles Mascareiques, ont pris fin à des époques parfaitement historiques. J'ajouterai que d'autres espèces, telles que l'aurochs, sont aujourd'hui en train de s'éteindre ; que celle-ci compte même à peine un millier d'indi-

---

(1) Parmi les nombreux documents à consulter sur la période glaciaire, je signalerai principalement, outre les deux publications précitées de MM. Édouard et Louis Lartet, l'article intitulé *Géographie comparée*, par Édouard Lartet, dans les *Annales des sciences naturelles*, 4ᵉ série, t. XV, 1861, p. 224-249 ; — le Mémoire intitulé : *Glaciers actuels et période glaciaire*, par Charles Martins, dans la *Revue des Deux-Mondes*, numéros du 15 janvier, du 1ᵉʳ février et du 1ᵉʳ mars 1867 ; — enfin, les trois ouvrages de Sir Charles Lyell, intitulés : *Éléments de géologie*, *Principes de géologie*, et *Ancienneté de l'homme*.

vidus, tant en Lithuanie que dans le Caucase ; et qu'elle aurait déjà disparu sans la protection des Tzars.

Pour montrer que, depuis le commencement de l'époque quaternaire, le genre *Equus* a été décimé comme tant d'autres genres zoologiques, il suffit de citer, parmi ses anciennes espèces, l'*equus neogœus*, l'*equus Devillei*, l'*equus curvidens*, l'*equus plicidens*, l'*equus robustus*, l'*equus piscenensis*, etc., dont on ne retrouve plus les débris ni dans les gisements de l'âge du renne, ni dans ceux des âges plus récents. Ces espèces équines, dont les unes existaient déjà vers la fin de l'époque tertiaire et les autres au commencement de l'époque quaternaire, paraissent donc avoir disparu pendant ou vers la fin de la période glaciaire, dont les terrains recèlent leurs derniers débris en place connus ; ce qui ne veut pas dire qu'aucune de ces espèces équines ait eu une existence tout à fait éphémère ; car l'ensemble des phénomènes qui constituent la période glaciaire ne peut avoir duré moins de 224,000 ans, suivant les calculs de sir Charles Lyell ; sa durée peut même avoir été beaucoup plus longue ; et le laps de temps compris entre la fin de l'époque tertiaire et le commencement de la période glaciaire a pu aussi être considérable, bien qu'on n'ait jusqu'ici aucun moyen de l'évaluer, même approximativement.

Puisque ces espèces, équines et autres, se sont éteintes postérieurement au commencement de l'époque quaternaire, c'est évidemment parce qu'elles ont eu des raisons plausibles pour disparaître. J'ai indiqué quelques-unes de ces raisons, choisies parmi les plus générales, afin de montrer que je n'ai pas fait de la zoologie superficielle en admettant la possibilité de la disparition de certaines races chevalines depuis la même époque ; car il est évident que les races ne sont pas plus immortelles que les espèces, et que des causes capables de détruire des espèces entières dans un genre zoologique doivent paraître également capables d'anéantir certaines races dans l'une des autres espèces du même genre. Le reproche que m'a fait M. Sanson doit même paraître d'autant plus singulier de sa part, que les collections de chevaux auxquelles nous donnons le nom de *races* sont pour lui de véritables espèces, au même titre que nos espèces à nous ; et l'on ne s'explique point, par conséquent, qu'il ait pu refuser aux phénomènes géologiques et climatologiques exposés plus haut la puissance d'anéantir ce qu'il appelle l'*espèce chevaline américaine*, puisqu'il est forcé d'admettre qu'ils ont détruit une foule d'autres *espèces* dans divers genres zoologiques, et notamment dans le genre *Equus* lui-même.

Mais, comme il y a loin de la possibilité à la réalité bien constatée de l'existence d'un fait, il reste à examiner quelles sont les races chevalines qui ont ou qui paraissent avoir disparu depuis le commencement de l'époque quaternaire, et à chercher les dates de leur extinction ; ce qui nous ramène à la race chevaline quaternaire de l'Amérique septentrionale.

On a vu plus haut qu'en 1870 M. Sanson basait sa croyance à la persistance de cette race sur l'espérance de retrouver ses descendants au milieu des chevaux européens naturalisés dans les Pampas, sur la prétendue insuffisance des documents historiques qui constatent l'absence du cheval en Amérique lors de sa découverte, et principalement sur l'existence de débris de chevaux quaternaires dans ce continent. Mais il ne serait plus autorisé aujourd'hui à invoquer cette dernière raison ; car, dans une Note *Sur les Équidés de la faune quaternaire*, qu'il a présentée le 6 janvier 1873 à l'Académie des sciences (Voyez *Comptes-rendus*, t. LXXVI, p. 55-57), il déclare que, dans son opinion, le crâne des équidés est la seule pièce du squelette qui soit véritablement caractéristique, et que tant qu'on ne possède que des dents, des fragments de mâchoires ou des os des membres, il n'est point possible de dépasser la diagnose du genre, ni, par conséquent, de reconnaître si l'on se trouve en présence de débris de chevaux ou de débris d'ânes. M. Sanson ne peut donc plus admettre, comme en 1870, qu'on a certainement trouvé des ossements de chevaux quaternaires en Amérique, car il n'existe aucun crâne parmi les ossements quaternaires américains qui ont été donnés comme des débris de chevaux. De sorte que s'il continuait aujourd'hui à admettre la persistance jusqu'à nos jours du cheval américain, ce ne pourrait être qu'en vertu de ce raisonnement : je crois qu'il existe encore de nos jours des chevaux propres à l'Amérique, parce que, au milieu des chevaux européens naturalisés dans les Pampas, j'espère qu'on découvrira des chevaux d'origine américaine, issus de chevaux quaternaires américains dont l'existence est problématique pour moi.

Quiconque admettrait en même temps la nouvelle théorie paléontologique de M. Sanson, et les renseignements fournis par l'histoire, serait, au contraire, conduit à penser que, quelle que soit l'espèce d'équidé, chevaline, asine ou autre, qui ait vécu dans l'Amérique du Nord pendant l'époque quaternaire, elle a certainement disparu, puisque les Européens n'ont trouvé aucune espèce d'équidé en Amérique lors de sa découverte.

Quant à moi, il me paraît étonnant que les caractères différentiels assez frappants qui existent sur les crânes des diverses espèces et races d'équidés n'entraînent pas des différences caractéristiques reconnaissables sur un certain nombre au moins des autres os de ces espèces et de ces races ; je serais, par conséquent, porté à croire que la difficulté, ou l'impossibilité actuelle suivant M. Sanson, de distinguer ces espèces et ces races par l'étude de toute pièce osseuse autre que le crâne, doit tenir plutôt à l'insuffisance des connaissances de certains anatomistes comparateurs qu'à la nature même des objets dont ils s'occupent. Mais, étant incompétent pour juger cette question en dernier ressort, je dois admettre que l'assertion de M. Sanson puisse être fondée. La paléontologie de nos équidés se trouverait, dans ce cas, replongée dans un anéantissement complet ; c'est-à-dire qu'il ne serait plus possible aujourd'hui de savoir si, pendant l'époque quaternaire, il a existé des chevaux sur aucun point du globe autre que la vallée de la Seine, puisque c'est le seul endroit où l'on ait jusqu'ici rencontré un crâne quaternaire d'équidé, et qu'il appartient à la race chevaline qui habite encore cette vallée. M. Sanson aurait donc bien, d'un seul mot, réduit à néant toute la paléontologie actuelle des Équidés ; ce serait assurément une chose fâcheuse, mais dont il faudrait cependant prendre son parti.

Je continuerai néanmoins mes considérations sur les races chevalines disparues, en regardant comme non avenue l'assertion de M. Sanson, laquelle ne m'inspirera plus à l'avenir que de rares et courtes réflexions ; et je m'y décide par les raisons suivantes : Il y a tout lieu d'espérer que la paléontologie des Équidés, encore si jeune, parviendra à trancher la question des dissidences d'opinion qui existent entre M. Sanson et les paléontologistes. Si elle prouve que les paléontologistes ne se sont point trompés, l'histoire des races disparues que je vais faire restera vraie. Si, au contraire, les paléontologistes se sont trompés sur quelques points ; si l'on est forcé plus tard de reconnaître qu'il faut regarder comme des races asines une partie ou la totalité des races d'équidés que ces paléontologistes ont déclarées être des races chevalines et dont je vais parler d'après eux, il n'en restera pas moins démontré que ce sont des races disparues. Il n'y aurait donc, dans cette dernière supposition, qu'un mot à changer à mon histoire de ces races pour la rendre également vraie ; et j'aurais ainsi contribué dans une certaine mesure à éclairer l'histoire de l'âne en travaillant à celle du cheval : ce qui ne me laisserait aucune espèce de regrets.

Cela étant bien entendu, je me crois autorisé à regarder la race chevaline quaternaire, signalée dans l'Amérique du Nord par les paléontologistes, comme une race depuis longtemps disparue du continent américain, quoique je ne possède aucun document pour fixer avec exactitude la date géologique de sa disparition. Je puis même ajouter que si par aventure cette race, sûrement disparue de son lieu d'origine, avait laissé des descendants sur un autre point du globe, ce ne serait cependant pas dans les Pampas de l'Amérique du Sud qu'on aurait le plus de chances de les rencontrer, comme le prétend M. Sanson ; ce serait, au contraire, au milieu des équidés scientifiquement peu étudiés du nord-est de l'Asie : tout ce que l'on sait de la géologie, de la paléontologie et de la zoologie de ces diverses régions, pendant l'époque quaternaire et pendant l'époque actuelle, ne peut laisser aucune espèce de doute à cet égard.

La paléontologie des États Barbaresques nous fournit aussi la preuve de la disparition d'une race chevaline dans ces contrées. On y a trouvé des os quaternaires d'âne et d'une race chevaline remarquable par la finesse de ses extrémités, caractère commun à plusieurs races chevalines et déterminé par des conditions climatologiques parfaitement connues. J'ai parlé dans mon livre de cette race chevaline quaternaire barbaresque ; et, dans la page 223 de son article analytique, M. Sanson a admis que cette race a pu être la souche de sa race chevaline à cinq vertèbres lombaires qu'il identifie avec la race dite *dongolâwi* ou *nubienne*.

Les faits anatomiques signalés par M. Sanson m'ont de suite convaincu qu'il a existé une race chevaline à cinq vertèbres lombaires. Je pense même aujourd'hui que cette race ne peut être que la race dongolâwi ; mais je désirerais cependant en avoir la preuve indéniable par la production de faits plus nombreux que ceux qui ont été constatés ; et il serait sans doute facile de les obtenir dans les endroits où cette race existe à l'état de pureté, notamment dans la province de Dongolah.

Mais si, comme je le crois, cette race à cinq vertèbres lombaires est bien la race dongolâwi, j'ai eu tort d'admettre la possibilité de son origine barbaresque dans mon livre ; et, ce qui revient à peu près au même, la possibilité de sa naissance dans le centre hispanique, à la fin de mon premier *Mémoire sur les chevaux à trente-quatre côtes* ; de même que M. Sanson a eu tort d'admettre la possibilité de l'origine barbaresque de cette race qu'il identifie avec la race dongolâwi, dont il plaçait alors le berceau en Afrique et qu'il a déclarée depuis être originaire de la vallée du Nil, en précisant davantage et en se basant sur son aire géographique, qui sera examinée lorsque nous arriverons à mon Histoire de l'introduction du cheval dans cette vallée. Je démontrerai alors que la race dongolâwi est d'origine asiatique ; et, en admettant même pour un moment avec M. Sanson, qu'elle soit d'origine nilotique, elle ne pourrait en aucun cas être d'origine barbaresque ni hispanique ; puisque, nous l'avons vu plus haut, le centre hispanique et les États Barbaresques qui en étaient une dépendance étaient encore séparés du reste de l'Afrique par une vaste mer saharienne à l'époque où les différentes races d'*equus caballus* ont apparu sur la terre, c'est-à-dire au commencement de l'époque quaternaire.

La race quaternaire barbaresque n'est donc point la souche de la race dongolâwi, ni la souche des deux races désignées, l'une sous le nom de *race arabe*, et l'autre sous le nom de *race allemande*, dont on connaît les origines, asiatique pour la première et européenne pour la seconde.

Or, les résultats des recherches de M. Sanson sur la population chevaline actuelle des États Barbaresques ont été consignés aux pages 9 et 13 de ses *Migrations des animaux domestiques* ; et l'on y constate que cette population est exclusivement composée de sujets appartenant à ces trois races, dongolâwi, arabe et allemande ; d'où il résulte que M. Sanson a le premier fourni la preuve irréfragable de l'extinction de la race chevaline quaternaire qui était propre à cette région du globe, bien qu'il ait oublié de formuler lui-même cette conclusion si logique des résultats de ses travaux sur la répartition actuelle de nos races chevalines sur la terre.

Mais il n'est pas facile de savoir si cette race chevaline barbaresque a été détruite, sans avoir été domestiquée, par l'action des influences climatériques si diverses auxquelles elle a été soumise depuis le commencement de l'époque quaternaire ; ou si, ayant été assujettie dans les temps préhistoriques, elle a depuis disparu peu à peu sous les flots successifs du sang oriental, arabe et dongolâwi, introduit dans le pays berbère à tant de reprises différentes et depuis tant de siècles par les populations sémitiques (Cananéens et Arabes), et par les anciennes populations aryennes, ainsi que sous les flots du sang germanique apporté par la conquête des Vandales : fait qui serait comparable à celui qui s'est accompli en Italie depuis le ve siècle de notre ère, comme on le verra plus loin.

C'est, d'ailleurs, une fausse interprétation de certains faits qui avait conduit certains auteurs à admettre, dans ces dernières années, que le cheval a commencé d'être utilisé dans les États Barbaresques seulement vers l'époque de la XIXe dynastie égyptienne ; et j'ai montré leur erreur dans un Mémoire sur l'*Antiquité de l'usage du cheval dans les États Barbaresques*, que je viens de publier dans la *Revue archéologique*, t. XXIX, 1875.

En passant dans la péninsule hispanique, nous constatons encore la disparition d'une race chevaline ; car, malgré l'état peu avancé de la paléontologie de ce pays, on y a déjà trouvé des ossements quaternaires d'une race chevaline ; et l'on n'y rencontre plus actuellement aucun représentant de cette race, puisque, d'après M. Sanson (*Migrations des animaux domestiques*, p. 12), tous les chevaux qui foulent aujourd'hui son sol appartiennent aux deux races d'origine orientale, la race arabe et la race dongolâwi. Il est vrai qu'on n'a point fait, que je sache, d'étude comparative des rares débris des chevaux quaternaires barbaresques et hispaniques ; que les deux pays qu'ils habitaient pendant l'époque quaternaire constituaient alors un unique centre de *création*, ou mieux d'*apparition* zoologique ; que tous ces chevaux peuvent, par conséquent, avoir appartenu à la même race ; mais toujours est-il que cette race est disparue, puisqu'elle n'a laissé aucun descendant ni dans les États Barbaresques, ni dans la Péninsule hispanique, et que toutes les races actuelles déterminées par M. Sanson ont une tout autre origine.

A la même page 12 de ses *Migrations des animaux domestiques*, M. Sanson montre que c'est aussi aux deux races d'origine orientale qu'appartient toute la population chevaline établie de temps immémorial dans tous les départements français situés au sud du bassin de la Loire ; ce qui nous permet encore de constater la disparition de plusieurs races chevalines qui ont vécu dans cette région à l'époque quaternaire.

pages 11-12 de ses *Migrations des animaux domestiques*, les considérations suivantes sur l'Espagne et sur le midi de la France :

« Nous avons vu que la région de l'Europe dont il s'agit n'est occupée par aucun type spécifique de race (chevaline) qui lui soit propre. Il y a tout lieu de penser que les nombreux débris osseux d'équidé qui ont été trouvés dans les cavernes de cette région, consistant notamment en dents molaires, ont appartenu à l'espèce asine (*Equus asinus europœus*), dont l'aire géographique naturelle lui doit assignée, d'après l'ensemble des considérations à l'aide desquelles on arrive aux déterminations de cette sorte. Jusqu'aux temps modernes de la géologie, il n'y avait point de chevaux au sud de la Loire. On n'aura pas de peine à le comprendre, si l'on songe qu'il ne devait point y avoir non plus de prairies comme en exige la facile existence du cheval à l'état de liberté. La configuration du sol et la sécheresse uniforme du climat s'y opposaient également. Seule, la sobriété proverbiale de l'âne pouvait s'en accommoder, avant que les progrès de la culture eussent permis de suppléer à l'insuffisance des conditions naturelles. »

Mais celles de ces considérations qui sont contraires à ma thèse n'ont aucune espèce de fondement.

Ainsi, lorsque M. Sanson a formulé l'assertion suivant laquelle la configuration du sol et la sécheresse uniforme du climat s'opposaient à la facile existence en liberté du cheval en Espagne et dans le midi de la France avant les temps modernes de la géologie, c'est-à-dire pendant l'époque quaternaire, c'étaient évidemment la configuration du sol et le climat actuels de cette région qui étaient présents à sa pensée. Eh bien ! même dans de telles conditions, rien ne s'opposerait à la facile existence du cheval en liberté, si l'homme consentait à le laisser vivre tranquillement des produits naturels du pays, au lieu d'exploiter le sol pour son usage et pour celui de ses animaux domestiques. Cette proposition est évidente pour quiconque a visité ces pays ; et elle a d'ailleurs été démontrée par un fait qui date d'une époque parfaitement historique. Car Strabon, qui écrivait dans les premières années de notre ère, raconte dans son livre III, chapitre IV, § 15, que l'Espagne possédait de son temps un grand nombre de chevaux libres auxquels il donne le nom de *chevaux sauvages* ; et même dans la supposition où il se serait agi de chevaux marrons, il n'en résulterait pas moins que des chevaux vivaient alors facilement en liberté dans ce pays, non pas à cause de la protection d'une population agricole, mais, au contraire, malgré la présence d'un peuple qui couvrait déjà la plus grande et la meilleure partie du sol de cultures maintenues à l'abri de l'atteinte des herbivores, et qui frustrait ainsi les chevaux libres d'une majeure partie des pâturages naturels auxquels ils auraient pu prétendre en l'absence de toute population agricole.

M. Sanson connaît, du reste, parfaitement les conditions climatologiques, exposées plus haut, dans lesquelles se sont trouvées l'Espagne et la France méridionale pendant l'époque quaternaire ; il n'ignore point que cette région nourrissait alors une foule de grands herbivores, hippopotames, rhinocéros, éléphants, etc., qui n'avaient point la sobriété proverbiale de l'âne, et qu'elle pouvait, par conséquent, nourrir avec une égale facilité des chevaux en liberté. Il faut donc qu'il ait écrit l'assertion contraire dans un moment d'oubli.

Quant à son autre opinion, suivant laquelle il y aurait lieu de penser que « tous les os d'équidés qui ont été trouvés dans cette région » ont appartenu à « l'espèce asine (*Equus asinus europœus*), » on ne voit point sur quelle raison valable il peut l'appuyer.

Ce n'est pas sur l'étude de ces ossements ; car, dans la Note précitée, qu'il a présentée à l'Académie des sciences (*Comptes-rendus*, t. LXXVI, 1873, p. 55), il déclare, à propos des mêmes ossements, qu'il n'est pas possible, si l'on ne possède que des pièces osseuses autres que le crâne, « de dépasser la diagnose du genre ; de distinguer, par exemple l'*equus asinus*, qui habitait l'Europe méridionale dans les temps quaternaires, d'un *equus caballus* quelconque, » et il sait parfaitement qu'on n'a pas encore trouvé un seul crâne parmi les ossements d'équidés fossiles de cette région.

Ce n'est pas non plus sur l'impossibilité de la coexistence dans une même région d'une race asine et d'une race chevaline pendant l'époque quaternaire ; car il admet la coexistence à la même époque d'une race asine et d'une race chevaline dans la vallée du Nil, et même dans le Haut Nil exclusivement, puisque le Delta égyptien était alors un estuaire fluvio-marin ; d'où il suit que toute la faune de l'Égypte y est venue du dehors, comme Étienne Geoffroy Saint-Hilaire l'avait déjà reconnu lors de son voyage dans cette région avec l'armée de Bonaparte (1).

Il est vrai que, dans la même Note présentée à l'Académie, M. Sanson prétend, p. 56, qu'on s'est guidé surtout sur la taille des débris d'équidés fossiles pour les déclarer ossements de cheval ou ossements d'âne.

En admettant pour un moment que cette assertion fût fondée, il n'en résulterait nullement qu'aucun des ossements d'équidés fossiles de la région en question n'a appartenu au cheval, et que tous sont des ossements d'âne ; car il ne suffit point qu'un ossement ait la taille d'un ossement de cheval et qu'il soit, en conséquence, déclaré ossement de cheval par un paléontologiste, pour que l'on soit autorisé d'en conclure que cet ossement ne peut point avoir appartenu au cheval, et que c'est forcément un ossement d'âne.

Au reste, de nombreuses observations paléontologiques montrent combien

---

(1) Voyez *Description de l'Égypte*. Paris, imprimerie impériale, 23 vol. in-folio ; — *Histoire naturelle*, t. Ier, 1809, 1re partie, p. 2.

la dernière assertion de M. Sanson est peu fondée ; et celle qui est relative à la caverne d'Espalungue, citée plus haut, en fournit précisément un exemple ; car il est évident que, si le paléontologiste qui a examiné les ossements d'équidés fossiles de cette caverne, s'était guidé sur la taille de ces ossements, et non sur leurs caractères morphologiques, il les eût attribués à deux races asines et à une race chevaline, et non à une race asine et à deux races chevalines, comme il l'a fait.

Il faut vraiment que, au moment où M. Sanson a écrit toutes les considérations que je viens d'examiner, il se soit trouvé sous l'empire absolu de la singulière opinion suivant laquelle l'absence actuelle de toute race chevaline propre à un pays indiquerait toujours l'absence de chevaux dans ce pays pendant l'époque quaternaire, pour que son esprit, habituellement si lucide, en ait été obscurci au point de l'empêcher de voir la faiblesse des arguments au moyen desquels il essaie de prouver que le cheval n'a point vécu pendant l'époque quaternaire dans la région située au sud du bassin de la Loire.

Ne trouvant nulle part aucun motif sérieux de renoncer à mon opinion sur l'extinction des chevaux propres à cette région, je vais essayer de montrer quand et comment ils semblent avoir disparu.

Les débris de ces chevaux ont été retrouvés en place, non-seulement dans les dépôts ossifères de l'âge du renne, mais aussi dans d'autres plus récents qui sont caractérisés par l'usage des armes en pierre polie dans nos contrées, et par la retraite de l'aurochs en Suisse et vers le nord. Les races chevalines quaternaires de nos départements méridionaux paraissent donc s'être éteintes vers la fin de l'âge de la pierre polie, c'est-à-dire un peu avant l'époque, ou, si l'on veut, vers l'époque de l'arrivée des plus anciennes migrations aryennes en Occident ; migrations qui ont introduit dans nos contrées l'usage du bronze et les chevaux orientaux, lesquels y furent dès lors définitivement naturalisés, ainsi que M. Sanson l'a démontré pour les landes de Bretagne, et qu'il est facile de le prouver pour toutes les contrées méridionales de l'Europe. La date ici assignée à l'extinction de nos anciennes races chevalines du midi de la France s'explique d'ailleurs très-bien par les phénomènes climatologiques de cette époque, puisque c'est alors que la température de cette région, antérieurement douce et humide, a commencé de faire place à la sécheresse du sol et au climat si variable que nous leur connaissons aujourd'hui, et qui ont évidemment refoulé le renne, puis l'aurochs, vers le nord. On concevrait ainsi que les chevaux quaternaires du midi de la France, dont le tempérament avait dû se mettre en harmonie avec le climat de la longue période glaciaire, qu'ils ont incontestablement traversée, aient ensuite plus souffert que les races chevalines propres au nord-ouest de l'Europe dont le climat a moins changé ; et l'on n'aurait aucune peine à comprendre que nos races quaternaires méridionales, si florissantes à l'époque du renne, mais dont les sujets

Dans la péninsule Italique, aussi bien dans la duré[e]

Mais, cette fois, nous assistons en outre à un fait zoologique d'un bien autre intérêt que tous ceux qui viennent d'être passés en revue.

Quoiqu'il soit impossible aujourd'hui de décider si les chevaux quaternaires propres à l'Italie ont été domestiqués ou non, il n'en est pas moins certain qu'au commencement du Ve siècle de notre ère cette péninsule était couverte, comme toute l'Europe méridionale, d'une population chevaline d'origine orientale amenée par les migrations successives de divers peuples âryens dont quelques-uns sont bien connus ; et que cette population chevaline était, à cette époque, naturalisée en Italie depuis un temps que les chronologistes les plus timorés évalueront à plus de deux mille ans. Les migrations des Gaulois dans cette péninsule y introduisirent une autre couche de chevaux orientaux, au milieu desquels se trouvaient sans doute des chevaux propres à la Gaule septentrionale, puisque ce peuple y avait fait un assez long séjour ; et l'on sait que d'autres chevaux de ces deux provenances ont de nouveau pénétré en Italie, par suite de la conquête et de l'occupation de l'Espagne et des Gaules par les Romains. Toujours est-il que, vers l'an 400 de notre ère, la population de la Péninsule italique se composait uniquement de chevaux d'origine orientale naturalisés sur son sol de temps immémorial, ainsi que de quelques hôtes gaulois, et qu'elle était encore parfaitement étrangère à la race chevaline allemande, qui ne lui avait jusqu'alors fourni qu'un nombre de sujets tout à fait insignifiant, depuis une époque très-récente, à l'occasion des triomphes de quelques généraux romains qui avaient porté leurs armes victorieuses en Germanie.

Mais, dès les premières années du Ve siècle, commencent les invasions de l'Italie par les peuples de race germanique depuis longtemps établis dans la patrie de la race chevaline allemande. Les Wisigoths d'Alaric traversent la Péninsule italique (410-411) ; les Hérules d'Odoacre (476 491) et es Ostrogoths de Théodoric (489-554) y séjournent quelque temps, et les Lombards d'Alboin parviennent à s'y établir définitivement en l'an 568. A cette dernière date, les chevaux allemands s'impatronisent solidement sur le sol qu'ils viennent de conquérir, et, moins de treize siècles plus tard, ils restent les seuls possesseurs du pays, après avoir complétement anéanti une population chevaline très-nombreuse et naturalisée depuis plus de vingt siècles dans cette vaste région.

Il est vrai que les chevaux allemands des Lombards furent encore aidés dans leur prise de possession de l'Italie par leurs frères arrivés, au XIe siècle, dans le royaume de Naples, à la suite des Normands qui venaient déjà d'impatroniser la même race chevaline dans notre ancienne province de Normandie. Mais le fait n'en est pas moins remarquable, car il fournit un exemple, tout récent et parfaitement constaté, de l'extinction d'une nombreuse population chevaline, déterminée par l'intrusion d'une autre race introduite d'un autre pays; et le phénomène a embrassé une surface assez étendue pour montrer que, de nos jours encore, et indépendamment des perturbations apportées dans le climat par la suite des siècles, il existe des raisons très-plausibles de l'extinction des races chevalines.

M. Sanson l'a reconnu implicitement en attribuant à l'invasion lombarde la présence des chevaux allemands en Italie ; ce qui signifie clairement que, pour lui comme pour moi, cette contrée était auparavant occupée par une autre race chevaline.

Enfin, à la page 20 de ses *Migrations des animaux domestiques*, M. Sanson constate, en outre, que toute l'Europe orientale (Pologne, Bohême, Russie, Hongrie, etc) est occupée exclusivement par des chevaux d'origine asiatique, et qu'elle est par conséquent dépourvue de race chevaline indigène. Or, on a également trouvé des ossements quaternaires d'*equus caballus* dans la région danubienne ; et l'on voit dans Hérodote (V, 9) qu'une très-vaste contrée, située au nord de l'Ister ou Danube et s'étendant à l'est du pays des Thraces jusqu'à la longitude de la mer Adriatique, était habitée, de son temps, par le peuple des Sigynnes alors en possession de chevaux camus, couverts de poils longs de cinq travers de doigts, capables de traîner des chars avec une extrême vitesse, mais trop petits pour porter des hommes. Il est donc vraisemblable que cette petite race de chevaux *camus* descendait des chevaux quaternaires de cette région ; qu'elle avait été domestiquée par les aborigènes de l'Europe orientale, comme les six races chevalines propres à l'Europe occidentale ont été assujetties par les indigènes de cette dernière région ; que cette race chevaline des Sigynnes a été anéantie, depuis l'époque d'Hérodote, par les chevaux asiatiques ; et que son extinction a été accélérée par l'antique habitude de châtrer es chevaux qui n'étaient pas destinés à la reproduction, chez les Sarmates et chez leurs voisins les Quades, comme le montrent Strabon (liv. VII, ch. IV, § 8) et Ammien Marcellin (XVII, 12) ; coutume qui pouvait même remonter, chez ces peuples aryens, bien avant l'époque de Strabon, puisqu'on voit, dans *Les travaux et les jours* (liv. II), que les Grecs contemporains d'Hésiode châtraient déjà leurs chevaux, leurs béliers, leurs porcs, leurs taureaux et leurs mulets (1).

Note additionnelle au paragraphe 2. — Depuis l'impression de ce paragraphe, j'ai lu un Mémoire très-remarquable sous plusieurs rapports, intitulé : *La loi d'extension des races*, et récemment publié par M. Sanson dans la *Philosophie positive*. On y trouve néanmoins (page 180 du numéro de sep-

---

(1) On trouvera beaucoup de renseignements sur la paléontologie des Équidés dans les *Annales des sciences naturelles (partie zoologique)*, dans les *Comptes-rendus de l'Académie des sciences*, et dans les neuf volumes déjà parus des *Matériaux pour l'histoire de l'homme*.

tembre-octobre 1874), à propos du refoulement de certaines espèces animales
dans le Nord, et de l'extinction du mammouth, du rhinocéros à narines cloi-
sonnées et du grand ours des cavernes, une assertion ainsi formulée :

« On n'en peut conclure rien autre chose, sinon qu'à l'époque où les animaux dont il s'agit vivaient en Gaule, le climat de la partie du globe ainsi
nommée était au moins aussi froid que l'est aujourd'hui celui de la Laponie
peuplée de rennes, etc. »

Or, l'époque où les animaux dont il s'agit vivaient en Gaule, et notamment
dans le midi de cette contrée, c'est l'époque quaternaire. M. Sanson affirme
donc ici que pendant l'époque quaternaire le climat de toute la Gaule était
au moins aussi froid que le climat actuel de la Laponie. Par conséquent, il
est implicitement entendu que, en raison de l'analogie bien constatée des
flores et des faunes de la Gaule et de l'Espagne pendant l'époque quaternaire,
M. Sanson doit également admettre que le climat de l'Espagne était alors
peu différent du climat actuel de la Laponie. On se rappelle, en outre, que
c'est pendant l'époque quaternaire qu'ont apparu nos équidés européens encore subsistants, notamment l'âne européen que M. Sanson fait naître à cette
époque dans la région hispanique ; et comme M. Sanson avance, d'autre part,
dans *La loi d'extension des races*, qu'une race animale ne peut point s'acclimater dans une contrée dont le climat diffère sensiblement de celui de son
pays natal, le rapprochement de ses diverses assertions conduit forcément à
l'une des deux conclusions suivantes : ou bien les climats actuels de la Laponie, de la Gascogne et de l'Espagne ne diffèrent pas sensiblement ; ou bien,
ce qui serait plus facile à étayer de raisons purement spécieuses, mais ce qui
est tout aussi faux, l'âne européen, né dans le climat quaternaire si froid du
sud-ouest de l'Europe, vit, se reproduit et travaille depuis un temps immémorial dans le climat devenu si chaud de l'Espagne et du midi de la France,
sans être parvenu à s'acclimater dans ce nouveau climat. Enfin, ces considérations sur l'histoire de l'âne européen sont applicables, dans une certaine
mesure, à l'histoire des six races chevalines européennes encore subsistantes.

Je signale donc ces nouvelles assertions de M. Sanson et leurs conséquences
forcées, afin de fournir un nouveau critérium pour juger qui, de mon critique
ou de moi, fait de la zoologie superficielle et foule aux pieds les enseignements de la science dans les questions qui nous divisent. Je me contente,
d'ailleurs, de renvoyer à ce qui a été dit plus haut sur le véritable climat de
la Gaule pendant l'époque quaternaire, alors que cette région nourrissait,
non-seulement des espèces animales aujourd'hui reléguées dans les climats
glacials, mais aussi des espèces animales qui avaient vécu dans le climat tor-
ride de l'Europe méridionale pendant l'époque tertiaire ; fait qui gêne sans
doute la théorie de M. Sanson, puisqu'il le passe sous silence.

§ 3. — INTRODUCTION DU CHEVAL DANS LA VALLÉE DU NIL PAR LES HYKSOS. — ORIGINE ASIATIQUE ET TOURANIENNE DES CHEVAUX DU TYPE DONGOLAWI OU NUBIEN.

L'histoire de l'introduction du cheval dans la vallée du Nil va maintenant nous conduire directement à la recherche de l'origine des chevaux dongolâwi ou nubiens, c'est-à-dire à une question qui est l'une des plus importantes de l'histoire du cheval, et dont la solution nous permettra d'éclairer certains faits de l'antique histoire de l'humanité.

C'est le savant égyptologue M. Prisse d'Avennes, qui s'est, le premier, élevé contre l'ancienne croyance de certains auteurs à l'extrême antiquité de l'existence du cheval en Égypte, d'où il se serait répandu sur tout le globe par les conquêtes des Pharaons, et c'est lui qui a, le premier, avancé que cet animal fut introduit dans la vallée du Nil par les Pasteurs, Hyksos ou Khétas. Son Mémoire sur cette question a été inséré, dès l'an 1852, dans la longue introduction historique dont M. le docteur Perron a fait précéder sa traduction du Nâcéri d'Abou-Bekr-Ibn-Bedr ; et je l'ai également reproduit en février 1867, dans un article du tome V du *Journal de médecine vétérinaire militaire*.

Plus tard, le 13 décembre 1869, M. François Lenormant a présenté à l'Académie des sciences une courte Note sur le même sujet (Voyez *Comptes-rendus*, t. LXIX, 1869, pages 1256-1258) sans faire la moindre allusion au Mémoire de M. Prisse, ni à aucun des autres auteurs qui ont traité la même question après M. Prisse, mais avant M. Lenormant. On ne voit donc point pourquoi, en réimprimant cette Note dans son ouvrage intitulé *Les premières civilisations*, Paris, 1874, M. Lenormant se plaint, dans un appendice inséré aux pages 313 et suivantes du tome I⁰ʳ, de ce que ladite Note n'a pas été citée dans un livre que M. Chabas a publié en 1872, et dont il sera question plus loin ; car on pourrait, certes, avec au moins autant de raison, reprocher à M. Lenormant de n'avoir fait, ni dans sa Note, ni dans son livre, aucune allusion au Mémoire de M. Prisse, qui est bien supérieur à la Note de M. Lenormant, quoiqu'il ait été imprimé plus de dix-sept ans auparavant. Si j'insiste sur ce point, c'est qu'il est convenable que justice pleine et entière soit rendue à M. Prisse d'Avennes, pour la part initiale qu'il a prise à l'élucidation de l'histoire du cheval en Égypte.

Quoi qu'il en soit, j'ai de nouveau reproduit le Mémoire de ce savant dans le cinquième chapitre de mon livre ; je l'ai commenté, complété au moyen de documents dûs aux progrès de l'égyptologie et des sciences historiques ; et je dois, par conséquent, me borner à rappeler en peu de mots les bases historiques sur lesquelles se fonde la croyance à l'absence du cheval dans la vallée du Nil avant l'invasion des Hyksos ou Khétas.

Avant l'invasion perse des Achéménides, l'Égypte s'était déjà élevée, sous ses rois indigènes, c'est-à-dire sous l'Ancien, le Moyen et le Nouvel Empire, pendant trois longues périodes de splendeur séparées par deux longues éclipses, à un degré de puissance et de civilisation auquel elle n'a plus atteint depuis sous la domination des Perses, des Grecs, des Romains et des Arabes, de l'avis unanime des égyptologues.

Pendant l'Ancien Empire, la première période de splendeur commence, pour l'Égypte, sous la quatrième dynastie, avec les Chéops (*Khoufou*) et les Chéfren (*Schafra*), constructeurs des grandes pyramides, plus de deux mille ans avant l'invasion des Hyksos. Elle continue sous les Pharaons de la cinquième dynastie qui viennent installer leur capitale à Éléphantine (Géziret-Assouan), près de la première cataracte, à quarante lieues de Dehr, capitale de la Nubie actuelle. Sous la sixième dynastie, l'autorité d'Appapus ou Pépi (*Ra-meri-Pepi*), comme celle de ses deux fils et successeurs *Mer-en-ra* et *Nefer-Kara*, s'étendait depuis Tanis et le Sinaï jusqu'aux régions du Haut-Nil. Ayant à réprimer les agressions de tribus asiatiques contre les ouvriers égyptiens préposés à l'exploitation des mines de cuivre de la presqu'île de Sinaï, Pépi fit venir, pour les châtier, de nombreux soldats levés chez ses tributaires d'Éthiopie et dans le pays des nègres. En raison de l'abondance des bois de construction dans le Haut-Nil, objet dont l'Égypte était totalement dépourvue, *Mer-en-ra* fit creuser quatre bassins en pleine Éthiopie (*Kens* en égyptien hiéroglyphique), pour y construire des vaisseaux, auxquels on faisait franchir les cataractes pour les amener en Égypte, à l'époque des grandes crues du Nil qui étaient d'ailleurs encore plus considérables alors qu'aujourd'hui. Mais après la sixième dynastie commence une longue et inexplicable éclipse dans la prospérité de l'Égypte, qui avait duré plus de sept siècles.

Sous le Moyen Empire, c'est avec la famille des Sertasen et des Amenemha, de la douzième dynastie, que nous entrons de nouveau dans l'une des belles époques de l'histoire égyptienne, et elle dure plus de six siècles, jusqu'à l'invasion des Hyksos. Les monuments de cette famille se retrouvent partout depuis le Sinaï jusqu'à Kumneh et à Semneh, au delà de la deuxième cataracte, c'est-à-dire au delà de Dehr ; et l'on voit encore les souverains de la treizième dynastie maîtres de tout le pays depuis la Méditerranée jusqu'au fond de la Nubie actuelle.

On connaît parfaitement les mœurs, les usages, les habitudes, les arts et l'industrie des Égyptiens sous cet Ancien et sous ce Moyen Empire, par un très-grand nombre de textes hiéroglyphiques, de peintures et de bas-reliefs, conservés principalement dans les hypogées ou tombeaux de ces époques, notamment dans ceux des pyramides et dans ceux de Syoût, de Beni-Hassan, de Kaûm-el-ahmar, de Drah-abou'l-neggah, de Saqqarah, etc. Les animaux domestiques des Égyptiens, notamment le chien, le bœuf et l'âne, ainsi qu'une foule d'animaux sauvages, quadrupèdes et volatiles, propres à la vallée du Nil, y sont très-souvent mentionnés et même représentés avec une fidélité et un talent artistique que nous avons rarement dépassés. Eh bien ! on n'y trouve pas une seule mention, ni une seule représentation du cheval, ni du char de guerre, ni du cavalier ; leurs noms ni leurs figures n'existent dans aucun texte ni sur aucun tableau ou bas-relief de ces époques, et tous les guerriers qu'on y rencontre sont des fantassins.

Mais, sous la quatorzième dynastie, l'Égypte est envahie par les Pasteurs, Hyksos ou Khétas, arrivés du nord de la Palestine et du bassin de l'Oronte, région couverte de chevaux dès la plus haute antiquité. Ces Hyksos commencent par dévaster la vallée du Nil dont ils ruinent les temples et les palais ; ils s'y établissent ensuite définitivement, et ils ramènent en Égypte une nouvelle et longue période de barbarie et de ténèbres, après laquelle ils sont battus, puis entièrement expulsés par Amosis ou Ahmès Ier, sauf un petit groupe dont les descendants se sont perpétués jusqu'à nos jours aux environs de Sân, l'ancienne Tsoan ou Avaris, leur ancienne capitale.

C'est donc le règne d'Amosis qui ouvre le Nouvel Empire et la troisième période de splendeur en Égypte. A partir de cette époque, les renseignements historiques redeviennent plus nombreux que jamais, et ils démontrent, par les textes hiéroglyphiques, par la peinture et par la sculpture, qu'à dater de l'expulsion des Hyksos les chevaux et les chars de guerre jouent le principal rôle dans les armées égyptiennes.

Il est donc certain que c'est l'invasion des Hyksos qui a introduit en Égypte, et dans toute la vallée du Nil, l'usage du cheval et l'animal lui-même.

En effet, si le cheval eût été utilisé en Égypte avant l'arrivée des Hyksos, les anciens Égyptiens l'eussent évidemment mentionné et représenté sur leurs monuments, comme ils l'ont fait plus tard.

Le cheval sauvage ne pouvait pas davantage exister en Égypte, où la présence de tous les grands herbivores vivant à l'état sauvage est rendue impossible par les crues du Nil, qui transforment annuellement et pendant fort longtemps toutes les villes et tous les villages en véritables îlots, en couvrant d'une épaisse couche d'eau toutes les terres cultivables et pâturables, jusqu'au pied des arides et inhospitalières chaînes de montagnes qui les bordent.

Si les habitants de l'Éthiopie se fussent servis du cheval avant l'invasion des Hyksos, les Égyptiens en eussent dès lors adopté l'usage, puisque, avant cette invasion, leur domination s'était étendue sur ce pays, à deux reprises différentes, pendant plus de treize siècles, et qu'ils en avaient tiré toutes les choses dont ils avaient besoin, soldats, bestiaux, bois, or, ivoire, etc.

Si les chevaux eussent même alors vécu seulement à l'état sauvage en Éthiopie, les Égyptiens n'eussent pas manqué de les assujettir avant l'arrivée des Hyksos, puisqu'ils avaient déjà dompté l'âne, sûrement dès la quatrième dynastie et probablement bien des siècles auparavant ; car les âne domestiques étaient déjà aussi nombreux en Égypte, sous la quatrième dynastie, que de nos jours.

Il n'existait, d'ailleurs, chez les Égyptiens aucune des raisons politiques et religieuses qui empêchèrent longtemps les Hébreux de se servir du cheval; car un grand nombre de Pharaons de l'Ancien et du Nouvel Empire étaient des rois guerriers qui auraient dû, au contraire, rechercher l'usage de cet animal s'ils l'eussent eu sous la main ; et l'on voit, en effet, leurs successeurs du Nouvel Empire l'adopter aussitôt qu'il fut mis à leur portée par les Hyksos, puis s'en servir pour repousser ces étrangers.

Dans le but de montrer l'absurdité de la légende musulmane qui fait descendre les chevaux dongolâwi ou nubiens d'une jument de Mahomet, j'ai fait voir, dans mon cinquième chapitre, que *la date minimum* attribuable à l'entrée de cette race en Nubie, c'est celle de la soumission de ce pays par Amosis et par ses premiers successeurs, et je trouve pour la première fois la preuve matérielle de cette vérité dans un événement auquel M. Chabas fait ainsi allusion dans ses *Études sur l'antiquité historique* (Paris, 2e édition, 1873, p. 450) : « Ce que nous savons de bien positif, c'est que Thothmès II amena du Midi des *chevaux*, ainsi que des panthères, des girafes, etc... » Si l'on considère que ce Thothmès II avait pour bisaïeul Amosis, le vainqueur des Hyksos, et que d'autres faits rapportés par M. Chabas indiquent le grand nombre de chevaux qui existaient déjà en Éthiopie sous le Nouvel Empire, on en conclura que le cheval y avait pénétré sous la longue domination des Hyksos, dont la durée fut de quatre à cinq siècles suivant certains auteurs, mais de 924 ans d'après l'un des textes de Manéthon. Les Éthiopiens avaient depuis longtemps embrassé les usages et la religion des Égyptiens ; ils ont dû se concerter avec eux pour chasser les Hyksos qui essayaient d'introduire par la violence leur religion de Sutekh dans toute la vallée du Nil, et l'on comprend dès lors que les chevaux se soient répandus très-rapidement dans cette vallée. On conçoit également que, dans le courant ou à la suite de la longue et terrible guerre de l'expulsion des Hyksos, il se soit élevé entre les Égyptiens et les Éthiopiens des différends qui expliqueraient les campagnes d'Amosis et de ses successeurs dans le Sud, si toutefois une guerre entre anciens alliés a besoin d'explication.

Néanmoins, je ne dois pas laisser ignorer que dans son ouvrage précité, dont je cite toujours la 2e édition, au chapitre VI, intitulé : *Le chameau chez les Égyptiens*, pages 398-420, et au chapitre VII, intitulé : *Le cheval chez les Égyptiens*, pages 421-457, M. Chabas est arrivé à des conclusions différentes de celles qui précèdent, sur l'histoire du cheval dans la vallée du Nil, bien qu'il reconnaisse aussi « le fait très-singulier, et déjà tant de fois relaté, que la plus ancienne mention du cheval que nous aient encore livrée les monuments pharaoniques n'est pas antérieure au commencement du Nouvel Empire (p. 421) ; » mention qu'il montre dater seulement du règne d'Ahmès Ier, l'expulseur des Hyksos (p. 422).

Pour défendre sa thèse, M. Chabas montre d'abord (pages 403-407) que les monuments égyptiens ne nous ont conservé que de rares représentations de certaines espèces domestiques, et que « il s'en est fallu de peu que nous fussions privés de tout renseignement sur la connaissance de ces animaux par les Égyptiens ; mais cette connaissance n'en est pas moins un fait certain (p. 404)). » — M. Chabas prouve, en effet, que de nombreux textes hiéroglyphiques suppléent à la pénurie des représentations de la plupart de ces espèces, ce qui prouve qu'il s'en est fallu de beaucoup que nous fussions privés de tout renseignement à leur égard ; puis il ajoute : « Ces préliminaires prouvent suffisamment qu'il est nécessaire d'interroger à la fois les monuments et les textes, et montrent que, même lorsque ces deux sources d'informations sont demeurées muettes sur un fait quelconque, ce n'est point une preuve suffisante que ce fait n'a point existé (p. 407). » — M. Chabas montre ensuite (pages 408-420) que le chameau fut utilisé en Égypte au moins depuis l'époque d'Abraham, mais que « les monuments égyptiens ne nous ont pas encore montré la figure du chameau, pas plus au temps des Lagides, et même à l'époque romaine, que sous les dynasties nationales (p. 411). » — « Cet animal n'est représenté sur aucun des monuments connus, dit ailleurs M. Chabas ; cette circonstance serait, à elle seule, une preuve suffisante du peu de valeur qu'il convient d'attribuer à ces indices négatifs (p. 408). »

Aussi, les conclusions définitives de M. Chabas sont-elles celles-ci :

« Mais en ce qui touche le cheval, le silence des monuments n'est pas plus significatif qu'à l'égard du chameau. Tout ce qu'il est prudent d'en conclure, c'est que ces animaux n'étaient ni l'un ni l'autre abondants en Égypte du temps de l'Ancien Empire (1), et qu'ils n'étaient point encore comptés au nombre des animaux domestiques (p. 423). » — « Nous devons donc nous garder de conclure que les Égyptiens, antérieurement à Ahmès Ier, n'avaient aucune idée du cheval. La supposition qui attribue l'introduction de cet animal en Égypte aux Pasteurs envahisseurs de l'Égypte ne repose sur aucune preuve, pas même sur la plus légère vraisemblance (p. 453). »

Je ne sais trop ce que M. Chabas a voulu dire en prétendant que les Égyptiens de l'Ancien Empire se sont servis du cheval et du chameau sans les compter au nombre des animaux domestiques. Mais, ce que je sais comme tout le monde, c'est qu'il est tout naturel que les monuments égyptiens ne nous aient conservé que de rares représentations de certaines espèces domestiques, telles que le mouton à laine souple ou ondée, le porc, la poule, etc.,

---

(1) M. Chabas appelle *ancien empire* toute la période historique antérieure à l'invasion des Hyksos.

tandis qu'ils nous montrent de très-nombreuses représentations de certaines autres espèces, telles que l'âne à toutes les époques, et le cheval à partir du commencement du Nouvel Empire. Je n'ai point à insister sur les raisons bien connues de ces faits ; j'ajouterai seulement que, bien que l'ornementation de nos monuments publics et particuliers comporte moins de statues et de bas-reliefs que ceux des Égyptiens, on y trouve néanmoins aussi d'assez nombreuses représentations du cheval, mais très-peu de figures de certaines autres espèces aussi nombreuses chez nous que le cheval, telles que le porc, le lapin, l'oie, le canard, etc. ; et si le coq fait exception à la règle, c'est uniquement parce qu'il est presque toujours resté l'emblème des Français depuis l'invention du blason.

Je crois, du reste, comme M. Chabas, à la haute antiquité de l'existence du chameau dans la vallée du Nil ; je l'ai écrit dans mon livre, et je me propose même de rédiger un article spécial sur l'antiquité de l'existence de cet animal dans tout le nord de l'Afrique. Je me contenterai donc, ici, de faire observer qu'il faut que les Égyptiens aient eu des raisons tout à fait particulières pour s'abstenir de toute représentation du chameau, même à une époque où ils l'ont mentionné dans leurs textes, c'est-à-dire depuis le commencement du Nouvel Empire jusqu'à la conquête romaine. Mais ils n'avaient pas les mêmes raisons pour s'abstenir de toute représentation du cheval, puisque leurs monuments sont couverts des figures de cet animal à partir du commencement du Nouvel Empire ; ce qui indique qu'ils l'eussent également représenté à l'époque de l'Ancien et du Moyen Empire, s'ils l'eussent alors possédé. M. Chabas n'avait donc pas le droit d'identifier les conclusions qu'on peut tirer de l'absence de toute représentation du cheval et du chameau sur les monuments antérieurs au Nouvel Empire, c'est-à-dire qu'il a dépassé les bornes de la saine critique en affirmant que cet indice négatif n'est pas plus significatif à l'égard du cheval qu'à l'égard du chameau.

Je dois ajouter que M. Chabas cite trois faits qui lui paraissent des indices de l'usage du cheval en Égypte antérieurement à l'invasion des Hyksos, et sur lesquels nous devons, par conséquent, nous arrêter.

Ainsi, à la page 454, il montre que dans le *Papyrus médical de Berlin* il est fait mention d'une onction ou fomentation dans la composition de laquelle entre le *saou qui est sur la cuisse du cheval*, et il suppose que cette recette doit remonter à une très-haute antiquité, parce que ce *Papyrus* contient un traité médical spécial qui commence à la page 15 et dont l'original remonte au moins à Ousaphaïdos, cinquième roi de la première dynastie. Seulement, ainsi que M. Chabas vient d'avoir l'obligeance de me le dire dans une lettre du 12 décembre 1874, le *saou* est mentionné à la page 9 du *Papyrus* ; il se trouve, par conséquent, dans un traité médical dont on ne connaît ni le titre ni la date de la composition, et l'on est libre d'admettre que cette composition ne remonte pas au delà de la dix-huitième dynastie, sous laquelle a été écrit l'exemplaire du *Papyrus* que l'on possède. Néanmoins, comme M. Chabas me fait observer dans sa lettre que, à cette dernière époque, « l'Égypte, récemment délivrée de l'occupation des Pasteurs, faisait le récolement de ce qui lui restait de ses antiques archives, » et qu'il est vraisemblable que le traité médical où se trouve le *saou* remonte, comme l'autre, à l'Ancien Empire, je reconnais la justesse de cette remarque. Mais la mention, sous l'Ancien Empire, de l'ingrédient *saou* provenant de la cuisse du cheval et entrant dans une composition pharmaceutique égyptienne, ne prouverait nullement que le cheval ait existé en Égypte à cette époque, de même que l'usage que nous faisons du musc en pharmacie ne prouve nullement que le chevrotin porte-musc soit naturalisé en France.

M. Chabas montre, en outre, à la page 448, que sur un rocher du désert de Radésieh, Séti Ier, de la dix-neuvième dynastie, a fait graver un bas-relief représentant à cheval la déesse *Ouati*, protectrice des frontières septentrionales. Je répondrai à cela que Séti Ier étant postérieur de plus de sept siècles à l'invasion des Hyksos, de l'avis de tous les égyptologues, il n'est pas étonnant que les artistes de son temps aient eu l'idée de placer sur un cheval la déesse *Ouati*, l'un des emblèmes des armées protectrices de l'Égypte dont la principale force était alors la cavalerie.

Enfin, à la page 423, M. Chabas donne comme un indice de l'usage du cheval en Égypte, dans les temps mythologiques, la tradition rapportée par Plutarque dans son Traité *Sur Isis et Osiris*, chap. xix, et suivant laquelle : « Horus, interrogé par son père sur la question de savoir quel était l'animal le plus utile, aurait répondu : *C'est le cheval, à l'aide duquel on peut atteindre et tuer l'ennemi.* » Mais il est fâcheux pour la cause de M. Chabas qu'il ait ajouté, dans la note 2 de la même page : « Plutarque nous apprend que, échappé aux coups d'Horus, Typhon s'enfuit sur un âne qui le porta sept jours (*Sur Isis et Osiris*, xix) ; » car ces deux légendes sont contradictoires, puisqu'il est évident que si le cheval eût été utilisé en Égypte à l'époque d'Horus et de Typhon, ce dernier n'eût pas monté sur un âne pour fuir plus vite. Nous trouvant donc mis en demeure de choisir entre ces deux légendes, nous sommes forcés d'adopter celle de la fuite de Typhon sur un âne, puisque c'est l'âne, et non le cheval, qui est représenté sur les anciens monuments comme l'équidé domestique des anciens Égyptiens, et cette dernière légende est d'ailleurs un nouvel indice de l'absence originaire de l'usage du cheval chez ce peuple.

Il faut, toutefois, avouer qu'au moment où j'écris ces lignes, ni moi ni personne n'a encore appuyé la thèse de l'absence originaire du cheval en Égypte sur aucun autre document que le silence absolu gardé sur cet animal par les monuments antérieurs à l'invasion des Hyksos, et l'on conçoit, à la rigueur,

que MM. Chabas et autres aient refusé de se laisser convaincre par ces indices
négatifs. Mais je puis aujourd'hui donner des preuves positives de cette absence originaire du cheval dans la vallée du Nil, en démontrant que la plus
ancienne race chevaline qu'on y ait utilisée n'est pas d'origine nilotique,
comme on l'a supposé, mais qu'elle est vraiment d'origine asiatique ; et je
vais, en conséquence, montrer dans quelle région elle a été domestiquée, par
quel peuple elle a été assujettie, et quelles étapes elle a parcourues pour se
rendre en Égypte.

Suivant l'opinion de M. Sanson consignée aux pages 219-221 de son article
analytique, mes considérations historiques ont démontré que les Hyksos sont
indubitablement arrivés d'Asie avec leurs chevaux, et que ce sont eux qui
ont introduit l'usage du cheval chez les Égyptiens. Mais il déclare également,
dans ces mêmes pages, « que les chevaux appelés *dongolâwi* existaient déjà
dans la vallée du Nil, » et que « ce qui date de cette arrivée (des Hyksos),
c'est l'introduction des chevaux de toutes sortes, indigènes et étrangers, dans
la vie domestique des Égyptiens ; c'est, en un mot, l'usage du cheval comme
moteur. » Et à l'appui de ces dernières assertions, M. Sanson invoque d'abord
« l'existence en ce pays (la vallée du Nil) d'ossements fossiles de cheval », puis
l'aire géographique occupée par les chevaux appelés *dongolâwi* ou *nubiens*.

Or, quand M. Sanson a invoqué le fait de l'existence d'ossements fossiles
de cheval dans la vallée du Nil, il le connaissait uniquement par cette avant-
dernière phrase de mon cinquième chapitre : « Nous devons, toutefois, ajouter
qu'il y avait certainement des chevaux sauvages dans la vallée du Nil pendant
l'époque quaternaire, puisque leurs débris ont été reconnus dans les dépôts
quaternaires des cavernes de cette vallée. » Tout ce qu'il en a su depuis,
c'est ce que je lui en ai dit et que je vais répéter.

En novembre 1869, la moitié de mon livre était déjà imprimée avant que
j'eusse pu obtenir un seul renseignement sur la paléontologie des équidés de
la vallée du Nil, lorsqu'un géologue de mérite m'assura avoir lu quelque part
qu'on a trouvé des débris osseux d'*equus caballus* dans les dépôts quaternaires des cavernes situées dans les montagnes qui bordent cette vallée ; il
prétendit même avoir consigné ce fait dans son volume de notes ; mais il l'y
chercha en vain. J'en parlai, quelques jours plus tard, à M. Édouard Lartet
qui me dit n'avoir jamais eu connaissance du cheval quaternaire nilotique ;
« mais, ajouta-t-il, vous pouvez considérer le fait comme certain si ce géologue en a eu connaissance, car il a une mémoire très-fidèle. » Je crus donc
pouvoir ajouter ma phrase précitée à la fin de mon cinquième chapitre, dont
je corrigeais alors les épreuves. Tous mes efforts ont depuis été infructueux
pour obtenir d'autres renseignements sur les ossements du cheval quaternaire
nilotique. C'est tout ce que M. Sanson et moi en connaissions encore aujour-

d'hui ; nous ne savons aucunement, et peu de personnes doivent savoir, ce que sont ces os, où ils existent et en quel endroit ils ont été trouvés.

On voit que la nouvelle théorie de M. Sanson sur la caractéristique des ossements d'équidé ne lui permettait pas, et surtout ne lui permettrait plus aujourd'hui d'affirmer qu'il a existé des chevaux quaternaires nilotiques, et tout le monde reconnaîtra que, même en admettant leur ancienne existence, il n'est pas possible de dire s'ils sont la souche de la race dongolâwi, puisqu'on ne connaît pas les caractères spécifiques de leurs ossements.

Du reste, l'aire géographique des chevaux du type dongolâwi va nous conduire à la solution du problème de leur origine.

On sait que, pour M. Sanson comme pour tout le monde, les chevaux dongolâwi appartiennent à la plus ancienne race dont les Égyptiens se soient servis, c'est-à-dire à la race avec laquelle ils ont chassé les Hyksos, puisque leurs caractères sont très-reconnaissables sur les plus anciens monuments érigés à partir de l'expulsion de ces étrangers. Ce fait n'avait pas échappé à Champollion qui l'a signalé dans les *Monuments de l'Égypte et de la Nubie*, tome II, page 3, à propos des chevaux de la planche 144, et beaucoup de personnes, notamment Prisse d'Avennes, les docteurs Perron et Pruner-Bey, ont aussi pu constater, depuis, que ce type équestre des anciens monuments se rencontre encore aujourd'hui en Nubie dans un assez grand état de pureté.

C'est la persistance de ce type dans la population chevaline de la province de Dongolah, malgré le voisinage d'une autre race introduite en Égypte bien après l'expulsion des Hyksos, qui a déterminé M. Sanson à regarder les chevaux dongolâwi comme des indigènes de la vallée du Nil, et il y fut surtout conduit par des considérations qui se rattachent à sa découverte d'un fait zoologique très-important, dont je dois présenter un rapide exposé, d'après tout ce qu'il a dit sur ce sujet dans ses diverses publications.

Tous les chevaux de la vallée du Nil et presque tous ceux du reste de l'Afrique, tous les chevaux anglais dits *de pur sang* ou *de course*, tous les chevaux des landes de la Bretagne et de nos départements situés au sud du bassin de la Loire, tous ceux de la Péninsule hispanique, de la Grèce, de la Turquie, d'une grande partie du bassin du Danube, de toute la Russie, ainsi que tous ceux du continent asiatique, doivent être classés dans la population que les hippologues désignent par l'expression générale de *chevaux orientaux*, malgré les noms si divers qu'on leur assigne en raison des contrées ou des provinces qu'ils habitent.

Dans cette population chevaline qui occupe actuellement au moins les neuf dixièmes de l'ancien continent, il existe deux types bien distincts, mais deux types seulement, et j'appelle l'attention du lecteur sur ce point.

M. Sanson a fait connaître les caractères de ces deux types, qu'il nomme les deux espèces, moi les deux *races orientales*, et dont il s'agit de rappeler le caractère le plus saillant, le plus visible, celui de la forme de la tête. L'une de ces races a le front large et plat, suivi, sans aucune espèce d'inflexion, par un chanfrein droit. L'autre race a le front convexe ou bombé, avec le chanfrein busqué. Les têtes des plus beaux chevaux dits *arabes* et *anglais de pur sang*, et j'ajoute celles des chevaux du Parthénon (1), sont de parfaits modèles du premier type, à front plat et chanfrein droit. Les têtes des chevaux dits *dongolâwi de pure race*, et j'ajoute celles des chevaux des anciens monuments égyptiens, appartiennent au second type, à front bombé et chanfrein busqué.

Je dois faire observer, en passant, que ces caractères sont extrêmement faciles à reconnaître, aussi bien sur les sujets vivants que sur les représentations graphiques où les chevaux sont vus de profil, ce qui est le cas le plus général. Mais, dans ce dernier cas, on doit surtout s'attacher à la forme du front et de la partie supérieure du chanfrein, parce qu'elle est moins susceptible d'être altérée par l'artiste, qui, quelquefois, pour donner certaines expressions à ses chevaux, donne de la saillie aux naseaux et aux parties molles du bas du chanfrein : ce qui pourrait tromper un observateur inattentif sur la véritable direction des os qui forment la base de cette dernière région.

Ces deux types, dont les caractères différentiels si accusés dénotent assurément deux origines distinctes, sont actuellement mélangés sur le plus grand nombre des points de leur immense aire géographique ; c'est-à-dire que, sur la plupart de ces points, on rencontre des sujets des deux types et des métis issus de leurs croisements.

Toutefois, le type à front plat jouit d'une très-grande prépondérance numérique dans la plupart de ces points, prépondérance qui est même presque exclusive en Asie, en Perse et ailleurs.

M. Sanson a, du reste, reconnu de suite, et il saisit toutes les occasions de publier que j'ai démontré dans mon livre que ce type à front plat, auquel je donnerai le nom de *race âryenne*, a été domestiqué dans l'Asie centrale, avant les temps historiques, par les Aryas, qui l'ont transplanté sur la plus grande partie de l'ancien continent, tant par leurs migrations que par leurs rapports avec les autres races d'hommes.

Quant au type à front bombé, que j'appellerai *provisoirement race dongolâwi*, comme tout le monde le fait aujourd'hui, M. Sanson l'a trouvé en immense minorité presque partout ; il a cru que les chevaux de ce type se rencontrent en masse compacte uniquement dans la province de Dongolah, en Nubie ; et l'on voit comment il s'est trouvé conduit à les supposer originaires

---

(1) Voyez les moulages des bas-reliefs du Parthénon dans les galeries de l'École des Beaux-Arts de Paris.

de cette région. C'est donc surtout en considération de l'aire géographique attribuée par lui à cette race qu'il a refusé d'accepter toutes les conséquences des faits indiqués par l'histoire ; et c'est précisément cette aire géographique mieux connue qui va montrer combien mes conclusions tirées de l'histoire sont fondées.

J'avais pris, en mon cinquième chapitre, les chevaux dongolâwi dans la vallée du Nil et j'avais traversé l'isthme de Suez avec eux ; mais, arrivé dans le bassin de l'Oronte, mon fil conducteur m'était échappé des mains. J'avais cru le revoir à la fin de mon neuvième chapitre ; mais, fatigué d'un travail d'assez longue haleine, je n'avais pas fait un effort suffisant pour le ressaisir. Aussi, ne saurais-je trop remercier M. Sanson, dont la critique m'a rendu le courage nécessaire pour reprendre mon œuvre et pour la conduire à bonne fin ; c'est-à-dire pour étudier derechef et déterminer enfin la véritable aire géographique occupée autrefois et aujourd'hui par les chevaux du type dongolâwi, et pour trancher la question de leur origine, au moyen de recherches et de considérations dont il me reste à faire connaître les résultats.

J'ignore si Champollion et tous ceux qui ont identifié les chevaux dongolâwi et les chevaux des anciens monuments de l'Égypte ont porté ce jugement d'après la conformation générale de ces chevaux ou d'après la forme si caractéristique de leur tête ; mais l'identification n'en est pas moins exacte, ainsi qu'on peut le constater sur une foule de planches in-folio, dans la *Description de l'Égypte* publiée par les savants qui ont accompagné le général Bonaparte, et surtout dans les *Monuments de l'Égypte et de la Nubie*, de Champollion. La race dongolâwi existait donc bien en Égypte lors de l'expulsion des Hyksos.

M. Prisse d'Avennes, dans son Mémoire précité, a déjà comparé la taille des chevaux des anciens monuments égyptiens à celle des chevaux niséens des plaines de la Médie, ce qui ne suffirait pas pour les déclarer de la même race (1). Mais Strabon, en son livre XI, chap. XIII, § 7, et chap. XIV, § 9, indique combien ces chevaux niséens étaient autrefois nombreux non-seulement en Médie, mais aussi dans l'Arménie, dont le satrape envoyait chaque année vingt mille poulains au roi de Perse ; et il ajoute que : « Ces fameux chevaux niséens, réservés, à cause de leur incomparable beauté et de leur taille exceptionnellement grande, pour le service personnel des rois de Perse, représentaient en tous cas, comme les chevaux parthes aujourd'hui, une race par-

______

(1) On ne peut guère juger de la taille des chevaux par les représentations graphiques des artistes de l'antiquité, qui ont le plus souvent amoindri la taille des animaux et exagéré celle des rois et des héros ; mais nous connaissons vraiment la haute stature des anciens chevaux égyptiens par une inscription cunéiforme du roi Assur-bani-pal, datant du VIIe siècle avant notre ère.

culière entièrement distincte des chevaux grecs ou autres qu'on voit dans nos pays. »

Comme les chevaux grecs étaient incontestablement de race âryenne, à front plat, que les chevaux niséens étaient une race particulière entièrement distincte des chevaux grecs, et qu'il n'existe actuellement dans tout l'Orient que la race âryenne et la race dongolâwi, on ne doit pas être surpris que ces anciens chevaux niséens aient appartenu au type dongolâwi ; et c'est ce que montre très-clairement l'étude des anciens bas-reliefs sculptés sur les montagnes et sur les monuments de la Perse. Il suffit, pour s'en convaincre, de jeter les yeux sur les *Monuments de la Perse ancienne* (5 volumes in-folio), de Flandin et Coste, surtout sur les planches 105, 106 et 107, qui représentent des bas-reliefs persépolitains de l'époque des Achéménides ; et sur la planche 33 qui représente, d'après un bas-relief du rocher de Darab-Djerd, le roi sassanide Sapor Ier. La forme caractéristique de la tête, et notamment du front, est d'autant plus facile à constater sur tous les chevaux de ces planches que leur toupet est lié en forme de pompon et relevé sur le sommet de la tête. Or, on sait parfaitement que ce sont des chevaux niséens qui sont sculptés sur les bas-reliefs de l'ancienne Perse, puisque les rois de Perse qui y sont représentés à cheval n'en montaient point d'autres.

Voilà donc une immense quantité de chevaux du type dongolâwi occupant toute la Médie et l'Arménie dès les temps les plus reculés, puisqu'elle y existait déjà de temps immémorial dès l'époque d'Hérodote (III, 6 et VII, 40) et cette race s'y est maintenue florissante pendant bien des siècles ; car Arrien, dans ses *Expéditions d'Alexandre* (VII, 3), dit qu'en traversant la plaine de Nisée ce conquérant ne rencontra plus que le tiers des cent cinquante mille juments niséennes qui y existaient auparavant, parce qu'on avait volé le reste : fait également mentionné par Diodore (XVII, 110), qui porte ce nombre à plus de cent soixante mille ; et Ammien Marcellin (XXIII, 6), dans la seconde moitié du IVe siècle de notre ère, parle encore « de la célèbre race de chevaux, dits *niséens*, sur lesquels les habitants du pays voltigent dans les combats avec une dextérité singulière, particularité relevée par tous les historiens et que j'ai pu vérifier moi-même. »

Dès l'époque des renseignements précis les plus anciens que nous possédions sur l'existence des chevaux du type dongolâwi en Asie, par les anciens monuments de la Perse et par les anciens auteurs grecs et latins, l'aire géographique de cette race remontait donc dans le Nord sûrement jusqu'à la mer Caspienne et au pied du Caucase, et s'il nous est impossible, à cette époque reculée, de constater la présence de cette race dans des pays plus septentrionaux, cela tient sans doute uniquement à ce que les anciens ne nous ont laissé aucun renseignement positif sur ces dernières régions ; car cette aire géographique s'étend aujourd'hui plus loin vers le Nord qu'ils ne l'ont indiqué.

Pendant ses trois années de séjour en Perse, M. le colonel Duhousset s'est trouvé, en raison de ses fonctions et de son beau talent de dessinateur, dans d'excellentes conditions pour étudier les populations chevalines d'une grande partie de l'Asie antérieure, et il a consigné quelques-uns des résultats de ses observations dans une *Notice sur les chevaux orientaux*, publiée, en décembre 1862, dans le tome Ier du *Journal de médecine vétérinaire militaire*. Bien que M. Duhousset n'ait certainement point connu à cette époque la théorie qui divise les populations chevalines orientales en deux types distincts, caractérisés par la forme du front et du chanfrein, son talent d'observateur lui a suffi pour constater en Asie la présence de ces deux types, et les formes de leurs têtes ne lui ont point échappé. Il dit (p. 431) que, malgré sa grande taille qui le fait rechercher par les Persans comme monture de parade, le cheval turcoman diffère beaucoup du cheval du Chiraz, qui est un grand arabe, et il ajoute (p. 433) que la tête du cheval turcoman est légèrement busquée. Toutes les appréciations de M. Duhousset sur le cheval turcoman sont d'ailleurs complétement confirmées par celles de M. de Blocqueville, qui indique également que ce cheval est plus grand que le cheval arabe, qu'il a les jambes longues, fines et nerveuses, l'encolure assez forte et le chanfrein un peu busqué.(1).

M. Duhousset ayant représenté presque de trois quarts la tête du cheval turcoman qui figure dans sa *Notice sur les chevaux orientaux*, je l'ai prié, sans lui faire connaître le but de ma demande, d'avoir l'obligeance de me dessiner une tête de cheval turcoman vue de profil, et cette tête avait tout à fait le front bombé et le chanfrein busqué des chevaux dongolâwi actuels et des chevaux représentés sur les anciens monuments de l'Égypte et de la Perse. Au reste, M. Duhousset attribue la forme particulière du front chez les chevaux turcomans au grand développement des sinus frontaux, observation qui aurait sans doute besoin d'être vérifiée, tant chez les chevaux turcomans que chez les chevaux dongolâwi, mais qui n'en démontre pas moins l'identité de la forme des têtes turcomanes et des têtes dongolâwi pour quiconque a examiné ces dernières.

Les chevaux turcomans appartiennent donc incontestablement au type dongolâwi, et ils descendent évidemment de la race niséenne dont se servirent les Achéménides, puis les Parthes qui leur ont succédé dans la domination de l'Asie antérieure.

M. Duhousset fait remarquer (p. 433) que les chevaux turcomans ne sont

---

(1) *Quatorze mois de captivité chez les Turcomans*, par Henri de Coulibœuf de Blocqueville, dans le *Tour du Monde*, t. XIII, 1866, p. 203.

pas très-nombreux dans le centre ni dans le sud de la Perse, qu'on n'en voit pas dans l'ouest; et l'on sait, d'autre part, qu'ils sont, au contraire, presque encore aussi nombreux dans le nord de la Perse qu'ils l'étaient déjà dans l'antiquité, et qu'il n'en existe presque point d'autres dans le Turkestan.

Il est même extrêmement probable que les chevaux de ce type existent également au nord du Caucase; car M. Vereschaguine, très-habile dessinateur et voyageur russe, habitué par conséquent à voir et à étudier des chevaux du type âryen, témoigne le regret de n'avoir pas eu le temps de dessiner les chevaux des Kalmouks et des Nogaïs du gouvernement de Stavropol, qui ont *tous les mêmes formes*, et chez lesquels il a reconnu *un type exceptionnel* (1).

Peut-être existe-t-il aussi des chevaux du type dongolâwi au delà des frontières du Turkestan, chez quelques autres peuples touraniens, frères des Turcomans, des Kalmouks et des Nogaïs; mais j'avoue que, dans aucun des nombreux récits de voyages qui sont relatifs à ces régions et que j'ai pu consulter, je n'ai trouvé nul renseignement sur la forme du front et du chanfrein des chevaux de ces localités, c'est-à-dire sur le seul caractère extérieur qui permette de porter un jugement certain.

Nous bornant donc exclusivement aux faits bien constatés, nous pouvons dire maintenant qu'on voit la race dongolâwi occuper la vallée du Nil, la Médie et l'Arménie dès la haute antiquité où nous l'avons déjà suivie, et que cette race occupe encore actuellement la province de Dongolah, en Nubie, ainsi que le Turkestan et le nord de la Perse.

Les chevaux dongolâwi ne nous apparaissent donc plus, tels que les voyait M. Sanson, comme une race née et longtemps confinée dans la vallée du Nil, où elle aurait été domestiquée seulement à l'époque de l'invasion des Hyksos, et d'où elle aurait plus tard envoyé au dehors quelques essaims dont on ne retrouverait plus aujourd'hui que de rares débris, disséminés au milieu des chevaux âryens.

La géographie ancienne et moderne de cette race orientale à front bombé nous la montre, au contraire, aussi bien dès les premiers temps où nous la voyons figurer sur la scène du monde que de nos jours, comme une race coupée en deux tronçons, par la présence de la race âryenne qui occupait déjà une partie du sud-ouest de l'Asie, et notamment la vallée du Tigre et de l'Euphrate, ainsi que le prouvent l'histoire des migrations de la race âryenne et l'étude des anciens monuments. Car si le type des chevaux des anciens bas-reliefs assyriens n'est pas toujours suffisamment accusé, il existe de ces bas-reliefs qui nous montrent des chevaux dont la tête appartient au type âryen le plus pur. La galerie assyrienne du Louvre en possède même deux spéci-

---

(1) *Voyage dans les provinces du Caucase en 1864-1865*, par Basile Vereschaguine, dans le *Tour du monde*, t. XVII, 1868, p. 167.

mens assez remarquables; ce sont deux grands bas-reliefs qui portent les n°° 28 et 30, qui proviennent du palais de Sargon, à Khorsabad, et qui ont été sculptés au VIII° siècle avant notre ère. Le bas-relief n° 30 n'est pas seulement celui sur lequel le type aryen des chevaux est le mieux rendu, c'est aussi l'un des plus-parfaits modèles d'art assyrien que nous ayons au Louvre.

Les considérations tirées de l'aire géographique ancienne et moderne de la race dongolâwi ne peuvent donc point trancher à elles seules la question de son origine. La géographie ancienne et moderne des chevaux du type dongolâwi se déclare, au contraire, incompétente pour décider s'ils sont nés et s'ils ont été domestiqués en Asie ou dans la vallée du Nil; elle se déclare prête à donner son assentiment complet à tout renseignement capable de résoudre sans elle le problème de l'origine soit asiatique, soit nilotique de ces chevaux, car elle peut également accepter l'une ou l'autre de ces deux solutions, mais non point une troisième, et nous sommes par conséquent forcé de nous adresser de nouveau aux enseignements de l'histoire, non plus uniquement de l'histoire d'Égypte, mais de l'histoire de trois grandes races humaines, celles des Touraniens, des Aryas et des Sémites, qui ont occupé à elles seules toute l'Asie; l'Égypte et l'Éthiopie dès les temps les plus anciens auxquels nous puissions remonter; car on sait aujourd'hui que les anciens Kouschites d'Éthiopie et les anciens Égyptiens se rattachent à la race sémitique. « Par les progrès de la science, appuyée sur des faits philologiques d'une incontestable valeur, on sait que, loin d'être arrivée du Sud en suivant le cours du Nil, la civilisation égyptienne anté-historique est, au contraire, venue de l'Asie (1); » bien que, ajoute M. Mariette dans les lignes suivantes, on ne sache pas à quelle époque la race que nourrit encore le sol égyptien s'y est établie.

On connaît également les origines de ces trois grandes races humaines, c'est-à-dire leurs premières patries, du moins celles où elles ont acquis l'usage de leurs langages articulés, ainsi que les premiers rudiments de leur civilisation, et d'où elles sont parties ensuite pour envahir les parties du globe qu'elles se disputent depuis tant de siècles; car, dans l'état actuel de la science, les expressions origines, indigénat, premières patries des races humaines, ne sauraient avoir un autre sens. Les Touraniens et les Aryas sont originaires de l'Asie centrale (2), et les Sémites ou Syro-Arabes sont origi-

---

(1) Mariette-Bey, *Aperçu de l'histoire d'Égypte*, 1 vol. in-8°; Alexandrie, 1864, p. 13.

(2) Les documents exposés dans mes écrits précédents montrent que la civilisation des Aryas est née vers le 49° degré de latitude septentrionale, aux environs du grand lac de Tenghiz ou Balkachi, sur le domaine des Kirghiz-Kaïsaks de la Moyenne-Horde, au nord de la Dzoungarie. Quant au rameau touranien des Chinois, j'ai également prouvé que sa civilisation est née vers la même latitude, mais

naires des côtes nord-ouest de l'Océan-Indien et des rivages du golfe Persique, d'où ils ont émigré dans la vallée du Nil dès une époque préhistorique.

On sait pertinemment que les Touraniens ont envahi la plus grande partie de l'Asie antérieure avant l'arrivée des Aryas d'une part et des Sémites d'autre part. Car, par des travaux qui l'ont à juste titre fait comparer à Champollion par les Allemands, M. Oppert a démontré que les Touraniens ont les premiers occupé une partie de l'ancienne Perse et l'Assyrie; que ce sont eux qui ont donné à l'ancienne Médie le nom de *Mada*, à la Mésopotamie le nom d'*Ur-Casdim*, et qui ont inventé l'écriture cunéiforme, dont l'usage a été plus tard adopté par les Iraniens et par les Sémites, après leur arrivée dans ces régions. M. Oppert a montré aussi que les Proto-Mèdes, c'est-à-dire les Mèdes des basses classes, étaient des Touraniens, et que, depuis la plus haute antiquité jusqu'à nos jours, ils n'ont jamais cessé, comme peuple, d'appartenir au Touran, bien que pendant si longtemps et à tant de reprises, notamment sous les Achéménides, ils aient été dominés par une aristocratie et une royauté aryennes. Il est également certain que le fond de la population de l'Arménie était aussi une population touranienne, pendant et avant la domination de ce pays par les Achéménides, ainsi que M. François Lenormant l'a parfaitement démontré dans ses *Lettres assyriologiques* (1). Enfin, j'ai, de mon côté, essayé de montrer, dans mon ixe chapitre, que les Touraniens étaient également les premiers habitants connus de la région syrienne ou palestinienne, opinion dont nous aurons bientôt la confirmation.

Si l'on considère maintenant que, d'après tous les renseignements connus, la grande aire géographique asiatico-nilotique dont il a été question plus haut était occupée de temps immémorial, comme aujourd'hui, uniquement par ces trois grandes races humaines, ainsi que par les deux uniques races chevalines orientales, l'une à front plat, l'autre à front bombé, et que la race à front plat a incontestablement été assujettie par les Aryas, on sera forcé d'en conclure que la race à front bombé a été domestiquée soit par les Sémites de la vallée du Nil (Égyptiens ou Éthiopiens) que je désignerai un moment par la seule expression d'*Égyptiens* pour éviter des périphrases, soit par les Touraniens; d'autant plus que, dès les temps les plus reculés, les données historiques nous montrent ces derniers chevaux uniquement entre les mains des

---

à plus de 10 degrés à l'est du lac Balkachi, sur le vaste plateau où nos cartes géographiques placent la prétendue chaîne de montagnes du grand Altaï ou Altaï méridional. Les berceaux des civilisations aryenne et chinoise sont donc séparés par les monts Barlouck ou Alatau, qui élèvent leurs cimes bien au-dessus de la zone des neiges éternelles.

(1) Voyez *Lettres assyriologiques sur l'histoire et les antiquités de l'Asie antérieure*, par François Lenormant; ouvrage autographié, Paris 1871-1872, à la lithographie Brousse, cour du Commerce, 10 : *Deuxième lettre*, t.Ier, p. 113 et suivantes.

Égyptiens et des Touraniens de la Médie et de l'Arménie, puisque les Iraniens n'en possédaient que par la voie de ces Touraniens qui étaient leurs tributaires. Examinons donc les titres respectifs des Égyptiens et des Touraniens.

L'histoire montre que tous les peuples sémitiques, restés auprès de leur berceau, n'ont adopté l'usage du cheval que très-tard, lorsqu'ils étaient déjà arrivés depuis bien des siècles à un assez haut degré de civilisation. J'ai prouvé dans mon vi^e chapitre que la plupart des tribus sémitiques du sud-est de la Palestine, et toutes celles de l'Arabie Pétrée, se servaient uniquement de l'âne et du chameau pour les transports et pour la guerre, c'est-à-dire qu'elles ne possédaient pas encore de chevaux à l'époque de Josué et même à celle de David. J'ai démontré dans mes chapitres iv, viii et x que les Arabes péninsulaires ne se servaient pas encore du cheval en l'an 24 avant J.-C., et qu'ils n'en adoptèrent l'usage que dans les premiers siècles de notre ère, bien qu'ils aient possédé l'âne et le chameau de temps immémorial. L'usage du cheval n'a de même pénétré que très-tard sur les rivages orientaux du golfe Persique ; car, à l'époque de Strabon (1), les belliqueux Carmaniens sacrifiaient uniquement des ânes à Mars, leur seule divinité ; ils combattaient encore presque tous sur des ânes, et l'extrême rareté des chevaux que Strabon signale chez eux prouve qu'ils commençaient seulement alors à emprunter cet animal aux Perses, leurs suzerains.

Or, les ânes de tous ces peuples étaient incontestablement venus de la vallée du Nil, qui est leur première patrie, quoiqu'il soit impossible de déterminer l'époque et la durée des très-anciennes migrations qui les amenèrent dans le sud de la Palestine, en Arabie et en Carmanie, et l'on ne concevrait pas qu'il n'y fût en même temps arrivé des chevaux, si ces derniers eussent été utilisés en Égypte aussi anciennement que l'admet M. Chabas.

Quant à la supposition de M. Sanson, qui reporte à l'époque de l'invasion des Hyksos l'adoption par les Égyptiens de l'usage simultané des chevaux amenés par ces étrangers et des *chevaux indigènes* qui n'auraient jamais été utilisés auparavant, c'est-à-dire qui auraient jusque-là vécu à l'état sauvage, elle n'est guère admissible. On avouera d'abord que l'indigénat des chevaux à front bombé en Éthiopie (car on a vu plus haut que l'Égypte est hors de cause), est devenu très-problématique depuis que j'ai retrouvé cette race vivant de temps immémorial en Médie et en Arménie. En outre, quand même les Hyksos eussent trouvé cette race vivant en liberté dans la vallée du Nil, ils ne se fussent pas donné la peine de l'assujettir, puisqu'ils étaient assez riches en chevaux pour en céder à leurs tributaires les Égyptiens, comme M. Sanson l'admet à juste titre. Les Égyptiens se fussent également

---

(1) Voyez Strabon, liv. XV, chap. ii, § 14.

bornés à faire reproduire les juments qu'ils tenaient des Hyksos, au lieu de choisir le moment où il leur arrivait des chevaux tout domestiqués, pour entreprendre l'assujettissement d'une autre race chevaline indigène, opération qu'ils n'étaient point parvenus à exécuter pendant une période de civilisation très-avancée qui datait déjà de plus de deux mille ans.

Ces considérations ajoutent une singulière force aux documents de l'histoire d'Égypte, laquelle se tait pendant si longtemps sur le cheval nilotique, domestique ou sauvage, malgré les nombreux renseignements qu'elle fournit sur les autres animaux, sauvages et domestiques, de la vallée du Nil. On est déjà fortement tenté d'en conclure que, dans les temps antiques où l'homme est devenu apte à domestiquer les chevaux, il n'en existait point en Égypte, ni en Arabie, ni dans les contrées environnantes, et c'est ce que le fait suivant vient confirmer.

Dans *Les premières civilisations*, Paris, 1874, t. Ier, p. 322, M. François Lenormant annonce que dans les inscriptions cunéiformes du dialecte touranien, qui a précédé en Chaldée l'idiome sémitique, le cheval porte le nom de *pas kurra*, qui signifie *la bête de somme de l'Orient*. M. Lenormant a oublié de dire que cette découverte est due à M. Oppert, qui l'avait consignée, quinze ans auparavant, dans son *Expédition scientifique en Mésopotamie*, 2e partie, Paris, 1859, p. 76, 90 et 91, où il traduit *pas kurra* par *bête de somme de l'Est*. M. Oppert montre, du reste, que ce mot était passé dans le dialecte des Sémites assyriens, et que les peuples de la Mésopotamie appelaient l'âne *la bête de somme par excellence* et le chameau *la bête de somme de la mer* (de sable), c'est-à-dire *du désert*. Quoi qu'il en soit, le cheval n'ayant pas d'autre nom connu que *pas kurra* dans le dialecte touranien, M. Lenormant en conclut que, « pour les plus anciens habitants du bassin de l'Euphrate et du Tigre, le cheval était un animal d'origine étrangère, amené de l'Est. » Je ne conteste nullement la conclusion de M. Lenormant, qui s'accorde parfaitement avec tout ce que j'ai publié depuis le commencement de 1867 ; mais j'ajouterai ceci : Il est incontestable que si, en arrivant en Mésopotamie, les Touraniens eussent trouvé toutes les contrées environnantes occupées par le cheval, ils ne lui eussent point donné le nom d'*animal de l'Est* ; s'ils lui ont donné ce nom, c'est évidemment parce que, à l'époque de leur arrivée dans cette région, il n'en existait point encore ni à l'ouest, ni au sud, c'est-à-dire ni en Syrie, ni en Arabie, ni en Égypte ; ce qui confirme entièrement les renseignements exposés plus haut.

Les titres des Égyptiens sont donc d'un poids très-minime, pour ne pas dire nul, et ceux des Touraniens n'auront pas de peine à faire pencher la balance.

En effet, au moment des premiers conflits qui eurent lieu entre les Touraniens et les Aryas, c'est-à-dire à l'origine des temps védiques, lors de la première migration des Aryas hors de leur berceau, ceux-ci rencontrèrent, sur les affluents supérieurs de l'Indus, une nation touranienne à laquelle ils donnent le nom de *Dasyus*, et qui était déjà très-riche en chevaux (1). Ces Touraniens n'avaient donc point reçu leurs chevaux des Aryas, puisque c'était leur première rencontre avec ce peuple. Ils ne les avaient certainement point reçus non plus des Égyptiens qui n'avaient point encore porté leurs armes dans le bassin de l'Indus, ni même dans aucune autre contrée de l'Asie.

Les Touraniens n'ont donc reçu les chevaux de personne; ils les ont domestiqués de leur côté comme les Aryas, et, par conséquent, ce ne sont pas les Égyptiens, ce sont, au contraire, les Touraniens qui ont assujetti la race chevaline à front bombé dans l'Asie centrale, ce qui explique bien pourquoi, dès la haute antiquité, cette race était déjà entre les mains des populations touraniennes de la Médie et de l'Arménie.

Ce fait étant démontré par l'histoire et accepté sans contestation par la zoologie, on peut désormais appeler *mongolique* ou *touranienne* la race chevaline à front bombé. En outre, puisque les deux races chevalines dites *orientales*, l'*âryenne* et la *touranienne*, sont d'origine *asiatique*, c'est par ce dernier nom qu'il conviendrait de désigner l'ensemble de leur population.

Enfin, les deux épithètes, *asiaticus* et *africanus*, assignées par M. Sanson à ces deux races, doivent être abandonnées : la première, parce qu'elle n'est plus suffisamment caractéristique; la seconde, parce qu'elle est inexacte. Je propose donc d'appeler *equus caballus aryanus* la race âryenne, dite *arabe*, à front plat et chanfrein droit, et d'appeler *equus caballus mongolicus* la race touranienne ou mongolique, dite *dongolâwi* ou *turcomane*, à front bombé et chanfrein busqué, ce qui, bien entendu, n'empêchera nullement de conserver, aux divers groupes de ces races, les noms qu'ils portent dans les contrées qu'ils habitent.

Les origines des deux races chevalines, âryenne et touranienne, étant enfin exactement déterminées, il est facile de montrer en peu de mots comment elles se sont répandues dans le continent asiatique et dans la vallée du Nil, ce qui éclairera deux points assez importants de l'histoire ethnographique de l'ancienne Asie, dont l'un a été souvent contesté, et dont l'autre n'avait pas été signalé, que je sache, avant la publication de mon livre.

Après que les Touraniens eurent domestiqué la race chevaline touranienne, ils la répandirent successivement par leurs antiques migrations, d'abord sur toute la grande aire géographique qui comprend les bassins de l'Indus et du Gange, ainsi que le Turkestan et la Perse, puis dans la vallée du Tigre et de

---

(1) Voyez mes *Origines du cheval domestique*, chap. IV, p. 163-169.

l'Euphrate, où ils lui donnèrent le nom de *bête de somme de l'Est*, enfin, dans la région syrienne du bassin de l'Oronte et des contrées voisines.

Lorsque, plus tard, les Aryas arrivèrent à leur tour sur l'Indus, puis sur le Gange, avec leurs chevaux à front plat, ils y rencontrèrent et finirent par y assujettir les touraniens Dasyus qui occupaient cette région avec leurs chevaux à front bombé. Dès lors commença la lutte qui dure encore entre les populations ariennes (humaines et chevalines) et les populations touraniennes (humaines et chevalines), pour la possession d'une grande partie du monde connu des anciens; et, depuis cette époque, ces diverses populations n'ont pas cessé d'empiéter tour à tour les unes sur les autres, de perdre ou de gagner du terrain, de s'exterminer sur quelques points et de se mélanger dans beaucoup d'autres endroits.

L'histoire du cheval dans l'Inde ancienne et moderne explique parfaitement pourquoi le type équestre touranien ne s'y rencontre presque plus actuellement. Toutefois, de même que les Perses, les anciens Indous ont adopté et longtemps conservé, comme montures et attelages de parade, les grands chevaux touraniens qui, pendant bien des siècles, ont vécu en masses nombreuses sur le sol de l'Inde, de concert avec les chevaux aryens. Hérodote m'avait depuis longtemps fourni un indice de ce fait en racontant (III, 106) que la taille des chevaux de l'Inde n'est surpassée que par celle des chevaux niséens de la Médie, et j'en ai acquis depuis la preuve matérielle par l'étude des anciens monuments de l'Inde et de l'Indo-Chine, sur lesquels j'ai trouvé un certain nombre de chevaux identiques à ceux des chevaux niséens des monuments de la Perse ancienne. Je me contenterai de citer, comme exemple, le cheval monté par un cavalier, représenté sur un bas-relief du pilier droit de la porte nord du tôpe de Sanchi dans l'Inde centrale, bas-relief dont je possède une magnifique photographie, grâce à l'obligeance du savant archéologue et voyageur distingué M. Louis Rousselet, mon collègue à la Société d'anthropologie. Or, les portes du tôpe de Sanchi remontent seulement aux premiers siècles du bouddhisme. Les chevaux de leurs bas-reliefs (1) sont néanmoins au nombre des plus anciens dont on puisse espérer la découverte dans l'Inde; car, avant l'époque bouddhique, les habitants de ce pays n'employaient que la brique et le bois dans la construction de leurs monuments aujourd'hui disparus. Au reste, une circonstance qui prouverait à elle seule l'antiquité relative des portes en question comme constructions en pierre, c'est qu'elles présentent encore une fidèle

---

(1) Bien que j'aie étudié à la loupe, dans la collection des photographies de M. Rousselet, les têtes de ces autres chevaux montés ou attelés des portes de Sanchi, il m'a été impossible de constater le type de ces têtes qui sont représentées de trois quarts sur ces photographies.

imitation en pierre des anciennes constructions en bois, comme on peut s'en assurer en consultant le texte et les gravures des pages 505 et suivantes du beau livre intitulé : *L'Inde des Rajahs*, que M. Rousselet vient de publier à la librairie Hachette.

Quoi qu'il en soit, à la suite de discordes politiques et religieuses dans la région sub-himalayenne, celui des rameaux âryens auquel on donne le nom d'*Iraniens* ou *Proto-Perses*, fut repoussé vers l'ouest ; il envahit la Perse et y établit sa domination sur les Touraniens, comme ses ancêtres l'avaient fait dans l'Inde. Les Iraniens ne tardèrent pas à assujettir également le Turkestan, qu'ils désignaient sous le nom de *Touran*, et les contrées arrosées par le Tigre et par l'Euphrate.

Soit que les chevaux touraniens eussent été dès lors moins nombreux dans le midi de la Perse et en Mésopotamie que vers la mer Caspienne, soit pour toute autre cause, les chevaux âryens s'emparèrent définitivement de ces régions méridionales à l'époque de cette antique migration des Iraniens, antérieure à l'arrivée des Sémites dans la vallée de l'Euphrate et du Tigre.

Cette antique domination iranienne sur la Perse et sur la vallée du Tigre et de l'Euphrate, relatée dans les anciennes annales de l'Iran, a souvent été contestée par certains auteurs, qui considèrent Cyrus et ses successeurs Achéménides comme les premiers maîtres âryens de ces contrées. Mais M. Renan a déjà admis l'authenticité de l'existence de cet antique empire iranien, en s'appuyant sur ces considérations philologiques que « les noms de *Tigre* et de *Phrat* sont iraniens, » et que « les noms des rois des plus anciennes dynasties fabuleuses d'Assyrie et de Babylone, tels qu'*Arius*, *Aranus*, *Mithræus*, *Otiartès*, *Xisuthrus*, sont également âryens (1). » Son antique existence est du reste matériellement prouvée par les plus anciens monuments de l'Assyrie, dont les chevaux sont du type âryen. Car, si M. Renan dit excellemment : « une dynastie étrangère porte ses noms avec elle (O. C., p. 77), » je puis ajouter qu'un peuple migrateur emmène ses chevaux avec lui. Or, puisque les chevaux âryens des anciens monuments assyriens ont été sculptés à l'époque des anciens rois sémites de la Mésopotamie, antérieurs à la domination des Achéménides, la présence de cette race chevaline dans cette région où elle avait déjà supplanté la race chevaline touranienne avant le règne de Cyrus ne laisse aucun doute sur l'occupation de cette contrée par les Iraniens des antiques dynasties dont quelques noms de rois viennent d'être signalés par M. Renan.

Les premiers Sémites qui vinrent en Syrie, c'est-à-dire les Cananéens de la Bible, qui sont les Phéniciens des auteurs grecs, étaient partis des rivages

---

(1) Ernest Renan, *Histoire générale des langues sémitiques*, 4ᵉ édition, 1 vol. in-8° Paris, 1864, p. 61 ; chez Michel Lévy

du golfe Persique, suivant les témoignages unanimes des indigènes des îles
de ce golfe, des anciens doctes de la Perse et des Phéniciens eux-mêmes (1).
L'antiquité de leur séjour en Syrie, antérieur à l'époque d'Abraham, d'après
la Bible, est d'ailleurs prouvée par l'érection de leur fameux temple de Tyr,
bâti en l'an 2760 avant notre ère; et, suivant M. Oppert (2), ils avaient
même fondé Beyrouth avant Tyr et Sidon. Ils n'avaient pas plus amené avec
eux de chevaux de l'Arabie que leurs frères les Assyriens, puisqu'il n'y en
avait pas encore dans cette péninsule en l'an 24 avant J.-C. Ils adoptèrent
donc la race chevaline touranienne qui s'était conservée pure en Syrie
comme en Médie et en Arménie, et c'est cette race touranienne, naturalisée
en Syrie, qui fut ensuite emmenée en Égypte par les Hyksos partis du bassin
de l'Oronte et des régions voisines.

Le type touranien des plus anciens chevaux domestiques égyptiens qui
vinrent incontestablement de Syrie avec les Hyksos, prouve, en effet, que
cette contrée était alors occupée par cette race chevaline. Or, cette race ne
pouvait y avoir été amenée, antérieurement à l'occupation cananéenne, que
par ses antiques possesseurs les Touraniens; et l'on doit par conséquent en
conclure que c'est au rameau touranien qu'il faut rattacher les peuples qui
ont précédé les Cananéens en Syrie et qui sont désignés dans la Bible sous le
nom générique de *Rephaïm*, fait que j'avais essayé de démontrer dans mon
IXe chapitre par des considérations d'un autre ordre.

La seule objection que l'on pourrait faire à cette dernière conclusion serait
de nier que les Hyksos fussent arrivés de Syrie en Égypte. Or, on sait aujourd'hui que les *Pasteurs* ou *Hyksos* de Manéthon sont bien les *Khétas* des
textes hiéroglyphiques, les *Khatti* des textes cunéiformes assyriens et les
Kittim de la Bible. Il est vrai que dans ses *Migrations des animaux domestiques*, p. 6, M. Sanson semble admettre que les Hyksos étaient un peuple
aryen venu en Égypte d'une contrée qu'il ne désigne pas, et qu'un an plus
tard, en 1873, cette opinion a été encore formellement reproduite par un
autre auteur; mais le seul document sur lequel cette vieille erreur puisse
s'appuyer, c'est que *Kittim* est donné comme le fils de Javan, fils de Japhet,
par le Xe chapitre de la *Genèse*, et les exégètes ont prouvé que les renseignements de ce chapitre sont purement géographiques et nullement ethnogra-
phiques. Champollion, dans ses *Lettres écrites d'Égypte et de Nubie* (quatorzième lettre, p. 219 de la nouvelle édition, 1868), et Prisse d'Avennes,
dans son Mémoire précité, ont regardé les Khétas comme des Scythes-Bac-
triens, et par conséquent comme des Touraniens. MM. Mariette et Alfred
Maury ont considéré les Khétas comme des Sémites, en invoquant principale-

---

(1) Hérodote, I, 1 et VII, 89; — Strabon, liv. XVI, chap. III, § 4.
(2) Oppert, *Voyage scientifique en Mésopotamie*, 1re partie; Paris, 1863; p. 20.

ment leurs caractères physiques, et j'avais admis leur opinion dans mon livre. Mais depuis que le savant anthropologiste M. le docteur Ern. Hamy a eu l'obligeance de me montrer au Muséum les moulages de deux énormes bustes de rois hyksos découverts par M. Mariette, l'étude de la singulière physionomie de ces rois ne me permet plus de les ranger parmi les Sémites. Ils me paraissent se rapprocher beaucoup plus du type touranien ; c'est aussi l'opinion de M. Hamy, qui a pu, en outre, étudier en Égypte quelques-uns des descendants supposés des Hyksos, chez lesquels il a constaté les mêmes caractères ; ce qui m'autoriserait à avancer que la race chevaline sûrement touranienne qui a été la première utilisée en Égypte, a été amenée dans cette contrée par un peuple touranien, chez lequel l'élément cananéen avait pénétré depuis un temps indéterminé. Quoi qu'il en soit, s'il y a encore divergence d'opinions sur la race à laquelle ont appartenu les Hyksos ou Khétas, on est parfaitement d'accord aujourd'hui sur la position du pays de Khet ; car la concordance des renseignements fournis par les textes bibliques, par les textes hiéroglyphiques et par les textes cunéiformes, prouve que ce pays embrassait le bassin de l'Oronte et les cantons limitrophes, et, par conséquent, c'est vraiment de Syrie que les Hyksos sont venus en Égypte avec leurs chevaux touraniens, quel que soit d'ailleurs le degré de parenté de ces Hyksos, soit avec les touraniens *Rephaïm*, soit avec les Cananéens.

Bien que le sang âryen se fût très-anciennement infiltré goutte à goutte dans les veines du cheval touranien, d'abord en Palestine lors des premiers rapports des habitants de ce pays avec les antiques dynasties iraniennes dont il a été question plus haut, et en Égypte par les chevaux imposés en tribut à la Mésopotamie sous les Thoutmès et les Ramsés du Nouvel Empire, puis en Palestine et en Égypte aux époques de leur asservissement au joug des Perses, des Grecs et des Romains ; la race touranienne n'en conserva pas moins pendant très-longtemps son cachet propre dans ces deux contrées, surtout en Égypte, où l'introduction du sang âryen fut moins considérable. Les soins des Pharaons du Nouvel Empire eurent même pour effet d'améliorer encore la race touranienne dans la vallée du Nil, où elle paraît avoir acquis toute sa splendeur vers l'époque de Salomon.

Mais si les conquêtes de la Syrie et de l'Égypte par les Perses, par les Grecs, puis par les Romains, n'entraînèrent qu'un simple assujettissement de ces contrées, sans qu'il en soit résulté une véritable occupation du sol par tout un peuple d'émigrants, et si les chevaux âryens y furent conséquemment introduits en trop petit nombre pour en faire disparaître ou même pour y modifier très-sensiblement la race touranienne, il n'en fut pas ainsi de l'invasion de ces pays par les Arabes musulmans au viie siècle de notre ère.

La remarquable population chevaline, depuis si justement célèbre, sous le nom de *chevaux arabes*, venait de se former dans la péninsule Arabique, depuis quelques siècles seulement, au moyen de chevaux âryens tirés presque tous de la Mésopotamie et de la Perse, par l'entremise du royaume arabe de Hira, allié fidèle des Perses et des Arabes péninsulaires, mais ennemi juré des Romains, dont la domination s'étendait sur l'Égypte et sur la Syrie (1). A partir du milieu du VIIe siècle, ces chevaux dits *arabes*, de plus en plus perfectionnés par les soins intelligents des disciples de Mahomet, envahirent en masses serrées et successives, avec leurs maîtres adoptifs, la Syrie et l'Égypte, qui, depuis douze siècles, ont été arabisées, et ils finirent par faire disparaître peu à peu de ces contrées la race touranienne qui l'occupait depuis si longtemps, et qui a même perdu du terrain dans le nord de la Perse.

Si les Arabes, disciples de Mahomet, ont repris en main la cause de notre cheval âryen, c'est parce qu'ils estiment autant, et peut-être plus que nous, son beau et large front « *semblable à celui du taureau*, » et ses qualités aussi solides que brillantes. Toujours est-il que l'anéantissement de la race chevaline touranienne en Syrie et surtout en Égypte est le résultat de la conquête musulmane, et si l'essaim touranien réfugié dans la province de Dongolah est parvenu à s'y maintenir jusqu'ici, c'est uniquement parce que l'occupation arabe n'y est pas encore aussi complète qu'en Égypte ; mais sa perte n'en est pas moins imminente, car les chevaux arabes ne sont pas sur le point de perdre leur vogue si justement méritée, et la race touranienne aurait déjà cessé d'exister en Nubie si les Sémites avaient eu, autant que certains peuples âryens et touraniens, l'antique habitude de châtrer la plupart des chevaux qu'ils ne destinent pas à la reproduction. Nous assistons donc encore ici à un phénomène semblable à celui qui s'est accompli en Italie depuis le Ve siècle : l'extinction, dans une vaste région, d'une très-nombreuse population chevaline naturalisée dans le pays depuis bien des siècles, déterminée par l'intrusion d'une autre race venue du dehors.

Je n'ai pas besoin de suivre ici les deux races chevalines asiatiques dans le reste de l'Afrique, en Europe, en Chine, dans les deux Amériques ni en Australie. Quiconque possède quelque notion de l'histoire de l'antiquité reconnaîtra, malgré la brièveté de mon exposé, que les choses n'ont pas pu se passer autrement que je l'ai dit, et que les chevaux touraniens ont vraiment été amenés en Égypte par la voie que j'ai indiquée. Je n'insiste pas sur la présence des chevaux touraniens dans l'Indo-Chine et dans l'Inde, constatée par des monuments qui remontent à deux, à trois et même à cinq siècles avant notre ère ; car on pourrait, à la rigueur, objecter que ces chevaux étaient peut-être tirés du dehors. Mais je puis défier qui que ce soit de donner une explication acceptable de l'existence en Médie et en Arménie d'une

---

(1) Voyez mes *Origines du cheval domestique*, p. 440-444.

très-nombreuse population chevaline, composée uniquement de chevaux orientaux à front bombé et chanfrein busqué avant l'époque des Achéménides, en admettant l'originé nilotique de ce type équestre. Car des campagnes comme celles des Thoutmés et des Ramsès dans les contrées de l'Asie antérieure ont eu pour uniques résultats la dévastation de ces pays et l'assujettissement des peuples, mais nullement la naturalisation dans la Médie et dans l'Arménie du type de chevaux qui existait alors dans la vallée du Nil; ce qui le prouve bien, c'est que les Égyptiens de ces époques n'ont pas implanté cette race chevaline dans la Mésopotamie qu'ils ont cependant plus souvent envahie et plus intimement asservie que la Médie et l'Arménie.

Dans le présent Mémoire, j'ai évité à dessein de revenir sur les différences que les anatomistes modernes ont observées dans les nombres soit des vertèbres lombaires, soit des vertèbres dorsales, et, par suite, des côtes chez la population chevaline actuelle; la connaissance des formes extérieures typiques m'a seule servi dans mes nouvelles recherches, et c'est assez dire combien m'ont été utiles les belles études de M. Sanson sur la caractéristique de nos types de chevaux.

Mais je ne me dissimule pas que l'étude des représentations du cheval chez les différents peuples de l'antiquité pourra suggérer à certaines personnes d'autres conclusions que je dois d'avance signaler et réfuter.

Nos artistes de l'Europe occidentale, peintres, sculpteurs, etc., ont toujours eu sous les yeux des chevaux appartenant aux huit types déterminés par M. Sanson. La partie antérieure du profil de la tête se rapproche de la ligne droite chez le cheval percheron et chez le cheval belge presque autant que chez le cheval áryen, et la convexité de cette partie chez le cheval allemand présente une certaine analogie avec celle du cheval touranien. Les caractères du cheval áryen, du cheval belge et du cheval percheron d'une part, ainsi que ceux du cheval touranien et du cheval allemand d'autre part, n'en sont pas moins distincts pour un zoologiste qui les a étudiés sérieusement. Mais, soit faute d'une observation assez minutieuse, soit par suite d'idées particulières sur l'esthétique équestre, soit en raison d'une tournure d'esprit purement fantaisiste, nos artistes ont rarement, pour ne pas dire jamais, reproduit exactement les caractères zoologiques typiques de nos différentes races chevalines; j'ajoute que les artistes de l'antiquité n'ont pas été de plus scrupuleux imitateurs de la nature que ceux de nos jours; et, partant de ce fait facile à constater, on peut prédire que trois sortes de personnes en tireront sûrement trois conclusions différentes et également fausses.

On a longtemps admis que toutes nos espèces domestiques, et notamment toutes nos races chevalines, sont d'origine asiatique; quelques personnes se cramponnent encore à cette idée comme à une épave de l'arche de Noé; elles retrouveront facilement, avec beaucoup d'imagination, les têtes de tous nos types de chevaux domestiques sur les anciens monuments de l'Orient, et elles y verront la confirmation de leur opinion préconçue.

Les fils intellectuels d'Olaüs Rudbeck, qui faisait naître le genre humain en Suède, dans l'ancienne Gothie, c'est-à-dire les ultra-germanistes, n'auront pas plus de peine à reconnaître le cheval allemand sur les monuments égyptiens de la XVIIIe dynastie, sur les monuments perses des Achéménides, sur ceux de l'Inde centrale du ve et du vi^e siècle avant notre ère, sur ceux de l'Indo-Chine des quelques derniers siècles antérieurs à J.-C., et ils en concluront naturellement que les nations germaniques ont conquis et civilisé le monde antique.

Quant aux celtomanes, successeurs des disciples de Pezron, dont l'école a fait parler le bas-breton à presque tous les peuples de l'antiquité, ils retrouveront avec la même facilité les chevaux belges et percherons sur les bas-reliefs du Parthénon et du palais de Sargon à Khorsabad, ce qui leur paraîtra une nouvelle preuve de l'extrême influence de la civilisation des Celtes sur celle des autres nations dès la plus haute antiquité.

Mais on peut répondre aux celtomanes et aux germanistes qu'il faut une bien nombreuse migration d'une race animale, chevaline ou autre, pour qu'elle puisse faire souche, en dehors d'un propos délibéré de l'homme dont il ne peut être question ici, dans un pays déjà occupé par une autre race appartenant à la même espèce; que les enseignements des sciences naturelles, confirmés par ceux de l'histoire, démontrent que de temps immémorial, malgré quelques reflux peu importants, le courant de toutes les grandes migrations humaines et animales s'est toujours effectué d'orient en occident; que c'est seulement au iiie siècle avant notre ère que remonte la plus ancienne migration de peuples qui, étant partie de la région gallo-germanique, soit parvenue à pénétrer dans le continent asiatique, et que, par conséquent, les Assyriens de Sargon n'ont pas plus connu les chevaux belges et percherons que les Perses des Achéménides n'ont connu les chevaux allemands. Et comme les partisans de l'origine asiatique de toutes nos espèces et de toutes nos races domestiques pourraient invoquer à l'appui de leur thèse cette marche suivie par les grandes migrations, on leur fera observer que la paléontologie a déjà démontré l'origine européenne de quelques-unes de nos races de bétail; que, par exemple, on a trouvé à Grenelle-Paris un crâne quaternaire de la race chevaline percheronne (1), ce qui prouve suffisamment qu'elle n'a pas été amenée toute domestiquée par les migrations asiatiques, et qu'il ne faut pas chercher sa représentation sur les monuments de l'Asie avant les récentes migrations des peuples occidentaux dans cette partie du monde.

---

(1) Voyez A. Sanson, *Migrations des animaux domestiques*, p. 19.

Il n'est, au contraire, rien de plus rationnel que mes déductions tirées de l'étude des chevaux des anciens monuments. Partant de ce fait démontré par M. Sanson qu'il n'existe que deux types de chevaux orientaux; sachant que les chevaux européens n'ont pu modifier ces types en Orient antérieurement au III° siècle avant notre ère, époque de l'arrivée en Asie des Galates, dont les quelques chevaux, peut-être européens, n'ont pas même fait souche en Asie-Mineure; autorisé, par conséquent, à admettre qu'avant le règne d'Alexandre, vainqueur du dernier des Achéménides, les anciens peuples de l'Orient ne se sont vraiment trouvés en présence que de deux types équestres dont les têtes avaient des physionomies assez caractéristiques et assez dissemblables pour attirer l'attention des véritables artistes; j'ai pu en inférer logiquement qu'aux époques où furent construits les monuments sur lesquels j'ai rencontré des têtes de chevaux à profil franchement rectiligne ou à profil franchement convexe, il existait chez les peuples constructeurs de ces monuments des chevaux aryens dans le premier cas et des chevaux touraniens dans le second; car, en pareilles circonstances, ces caractères suffisaient seuls, en effet, pour trancher la question. Quant aux chevaux sur lesquels ces caractères ne m'ont pas paru suffisamment accusés, je les ai considérés comme non avenus; je ne me suis même pas permis de les donner comme des métis qui ont cependant existé en beaucoup d'endroits dès la plus haute antiquité, afin de ne laisser aucune prise à la critique des personnes qui connaissent comme moi les procédés fantaisistes de certains artistes.

Mes conclusions resteront donc inattaquables tant qu'on n'aura pas démontré que, dès la plus haute antiquité, les chevaux allemands, belges et percherons ont pu servir de modèles aux artistes orientaux dans tant de pays où ils n'ont aucun représentant, c'est-à-dire dans l'Indo-Chine, dans l'Inde, en Perse, en Assyrie et dans la vallée du Nil; aussi, puis-je espérer qu'on me laissera le temps nécessaire pour me préparer à repousser l'attaque, si elle est jamais tentée.

Puisque j'ai parlé des *Études sur l'antiquité historique* de M. Chabas, je ferai remarquer, en terminant, qu'à la première page de son *Introduction* il cite deux de mes phrases qu'il signale comme entachées de deux hérésies chronologiques, et il est certain que M. Chabas est parfaitement libre d'émettre des opinions autres que les miennes sur l'antiquité de l'existence de l'homme et de la civilisation; mais il est regrettable que dans la seconde de mes phrases il me fasse dire que les Aryas sont les ancêtres « de la majorité des peuples de l'*époque actuelle*, » car je n'ai jamais écrit une pareille absurdité : j'ai écrit « de la majorité des peuples de l'*Europe actuelle*, » ce qui est bien différent.

M. Chabas dit aussi, p. 445 : « Nous rappelons, en terminant cette étude, que du sanscrit *açva* on a fait dériver le grec ἵππος, le latin *equus* et même le français *cheval*, » et il s'élève contre cette prétendue dérivation.

Ce qui est plus vrai, c'est que les philologues contemporains ont assimilé, identifié au sanscrit *açva*, le grec *ἵππος*, le latin *equus*, le zend *açpa*, le lithuanien *aszwa*; qu'ils ont *fait dériver* tous ces mots d'une langue *aryaque* primitive, aujourd'hui perdue et mère de tous les anciens dialectes aryens; mais ils ne les ont nullement fait dériver de la langue sanscrite, qui est la sœur et non la mère des anciennes langues aryennes. Les philologues n'ont nul besoin d'être justifiés d'avoir fait une pareille assimilation, et du reste, si une justification leur était nécessaire, ils la trouveraient dans ce fait zoologique parfaitement démontré que, dans tous les pays où les mots analogues au sanscrit *açva* ont pénétré, les chevaux du type aryen ont également été introduits, et ils s'y sont même perpétués jusqu'à nos jours, excepté en Italie, où ils ont été anéantis par les invasions germaniques, comme on l'a vu au paragraphe 2.

Quant au français *cheval*, on l'a fait dériver soit du latin *caballus*, soit du grec *καβάλλης*, soit des dialectes celtiques, irlandais *capall*, etc., mots qu'on a comparés au sanscrit *tchapala*; mais je ne sache pas qu'on ait jamais fait dériver *cheval* du sanscrit *açva*, ni qu'on ait même jamais établi aucune comparaison entre ces deux mots.

Dans les limites de sa spécialité, l'égyptologie, M. Chabas n'en a pas moins donné, sur l'histoire du cheval dans la vallée du Nil, quelques renseignements nouveaux dont on doit lui être reconnaissant. Mais il n'a pas fait ni même pu essayer de faire l'histoire du cheval, parce que, quoi qu'il puisse en penser, c'est un sujet qui ne saurait être élucidé par l'égyptologie toute seule, ni, du reste, par aucune des branches spéciales des connaissances humaines.

En effet, pour faire l'histoire du cheval, c'est-à-dire l'histoire des origines et des migrations de nos diverses races chevalines, il faut d'abord connaître l'existence et la caractéristique de ces races; puis, lorsqu'on possède ce guide indispensable, on est obligé de s'adresser aux nombreuses branches de la science qui peuvent jeter quelque lumière sur la question. De cette façon seulement, on peut obtenir une foule de renseignements qui se complètent et se contrôlent mutuellement, et l'on a ainsi quelques chances d'atteindre au plus haut degré de certitude que puissent comporter de pareilles questions. L'étude d'un tel sujet exige donc des recherches extrêmement nombreuses et variées, et, par conséquent, une dépense de temps plus considérable qu'un spécialiste ne peut ni ne doit lui en accorder. C'est ce qui explique pourquoi tous les spécialistes qui ont traité l'histoire du cheval d'une façon incidente et au point de vue particulier de leurs études habituelles, après avoir plus ou moins éclairci l'une de ses faces, sont arrivés à des conclusions toujours incomplètes et souvent erronées.

Notes sur les variations dans le nombre de côtes et de vertèbres de la région dorso-lombaire des chevaux.

J'ai publié en 1871, 1872 et 1873, dans les tomes IX et X du *Journal de Médecine vétérinaire militaire*, deux *Mémoires sur les chevaux à trente-quatre côtes* et un *Appendice* au second de ces Mémoires.

Dans ces trois articles, j'ai rappelé que, au milieu de nos chevaux dont l'immense majorité possède 18 paires de côtes avec 18 vertèbres dorsales et 6 vertèbres lombaires, il n'est pas rare de rencontrer des chevaux possédant 5 vertèbres lombaires, soit avec 18 paires de côtes, soit avec 19 paires de côtes; ainsi que d'autres chevaux possédant 6 vertèbres lombaires soit avec 19 paires de côtes, soit avec 17 paires de côtes seulement. J'ai cité un assez grand nombre de faits parfaitement authentiques, observés soit en France, soit à l'étranger, et qui ne peuvent laisser aucun doute sur ces variations dans le nombre des os de nos chevaux actuels. Ces articles pourront donc contribuer à répandre, parmi les naturalistes, la connaissance de ces faits de variation, qui sont aussi intéressants au point de vue zoologique qu'ils sont généralement peu connus.

Mais c'est tout le fruit qu'on pourra retirer de la lecture des articles en question, car il y a décidément lieu d'abandonner une autre thèse que j'ai soutenue et qui est celle-ci :

Ayant trouvé dans le *Rig-Véda*, au verset 18 de l'hymne de l'*Açwamêdha*, la prescription de trancher les *trente-quatre côtes du cheval* dans le sacrifice de cet animal, j'en avais inféré que les Aryas de l'époque védique étaient en possession d'une race chevaline n'ayant que 17 paires de côtes. Je m'y croyais autorisé parce que, d'après tous les renseignements que j'avais pu obtenir sur ce sujet, je supposais que cette mention des 34 côtes du cheval n'avait été l'objet d'aucune observation critique dans les autres anciens livres de l'Inde. Mais M. Max Müller vient de publier dans *The Academy* (nº du 20 février 1875), un article intitulé : *The horse and its ribs* (le cheval et ses côtes), dans lequel j'apprends, entre autres choses, qu'il est déjà fait mention des *trente-six côtes du cheval* dans de très-anciens livres indous, écrits en sanscrit à une époque rapprochée des temps védiques. Je ne puis me refuser à voir dans cette mention une critique directe, quoique très-respectueuse, du verset en question de l'hymne de l'*Açwamêdha*; et, par conséquent, je suis forcé de reconnaître que les chevaux des anciens Indous possédaient 36 côtes comme la majorité de nos chevaux actuels.

58631 Paris. — Typographie de Vᵉ RENOU, MAULDE et COCK, rue de Rivoli, nº 144.